# 茨城の昆虫生態図鑑

チョウ・ガ
トンボ
コウチュウ
バッタ
カメムシ・セミ
ハチ
その他



茨城昆虫同好会
茨城生物の会 編

メイツ出版

# CONTENTS

# [本書の使い方]

## 目レベルの分類を表示

- チョウ目
- トンボ目
- コウチュウ目
- バッタ目
- カメムシ目
- ハチ目
- ハエ目
- アミメカゲロウ目
- カゲロウ目
- カワゲラ目
- トビケラ目
- ヘビトンボ目
- カマキリ目
- ナナフシ目
- シリアゲムシ目
- ゴキブリ目・シロアリ目
- ガロアムシ目
- ハサミムシ目

## 昆虫の大きさ

チョウ：前翅長
ガ：開張
その他の昆虫：体長
（ただしセミおよびバッタの一部は翅端までの大きさを表示）

## 種名・科名を表記

## 解説

掲載した種の特徴や生息環境などを簡潔に説明

## 撮影者

記号で表記し、巻末にリストを掲載

## 生態写真

写真はその種の特徴が分かりやすい生態写真をできるだけ使用。種によっては雌雄、翅の裏表、幼虫なども掲載

## 分布

県内の分布を平地・山地・全域で表示。ただしトンボはそれに加えて棲息が止水域か流水域かも表示。

## 成虫が見られる時期

１月から 12 月まで成虫が見られる月に色がつけられている。

- 4月　中旬から見られる。
- 5月　中旬まで見られる。
- 6月　下旬から見られる。
- 7月　上旬まで見られる。
- 8月　一月中見られる。
- 9月　この月は見られない。

---

- 天　国指定の天然記念物

茨城県版レッドデータブックによる絶滅危惧種

- I A類　絶滅危惧ＩＡ類
- I B類　絶滅危惧ＩＢ類
- II類　絶滅危惧II類
- 準絶　準絶滅危惧
- 情不　情報不足

## ウスバアゲハ　アゲハチョウ科

前翅長：約 35 ㎜　IA類

分　布：平地 | 山地 | 全域

出現期：1月 2月 3月 4月 5月 6月 7月 8月 9月 10月 11月 12月

[Ta] [Ss]

別名ウスバシロチョウ。年１回の発生で県内では北部山地で局地的に発生するが数は少ない。幼虫の食草はケシ科のムラサキケマン、エンゴサク類。日中草地の上を緩やかに滑空しタンポポ類ヒメジョオンなど各種の花を訪れる。メスは腹部に毛が少なく交尾後は受胎嚢をつける。

## ジャコウアゲハ　アゲハチョウ科

前翅長：45 ～ 63 ㎜

分　布：平地 | 山地 | 全域

出現期：1月 2月 3月 4月 5月 6月 7月 8月 9月 10月 11月 12月

[Si] [Si] [Si] [Ta] [Ta]

年２～３回発生。ウマノスズクサが見られる河川の堤防や人家周辺などに生息する。オスは光沢のある黒色で、メスは明るい褐色をしている。食草はウマノスズクサ、オオバウマノスズクサなど。日中低い場所を緩やかに飛翔し、ツツジ類、ウツギ類、クサギ、アザミ類など各種の花を訪れる。

## アオスジアゲハ　アゲハチョウ科

前翅長：約 45 ㎜

分　布：平地｜山地｜全域

出現期：1月｜2月｜3月｜4月｜5月｜6月｜7月｜8月｜9月｜10月｜11月｜12月

発生は年２～３回。平地～丘陵地まで幅広く分布する。飛翔は非常に活発で、翅形、色彩斑紋は雌雄ほとんど同じ。幼虫はクスノキ科のタブノキ、クスノキなどを食べる。街路樹など公園にも食樹が多く、ヒメジョオン、ヤブガラシなど各種の花を訪れる。真夏の高温期に湿地で吸水するのはほとんどオスである。

[Ha]

## キアゲハ　アゲハチョウ科

前翅長：40 ～ 55 ㎜

分　布：平地｜山地｜全域

出現期：1月｜2月｜3月｜4月｜5月｜6月｜7月｜8月｜9月｜10月｜11月｜12月

県内では４月から年３～４回発生する。各地の明るい草原、都市部の公園、農地まで広く分布する。やや敏速に飛翔し、ツツジ類、アザミ類、ユリなど各種の花を訪れ吸蜜する。山地にも多くオスは山頂付近を占有する習性がある。幼虫はセリ科のセリ、ミツバ、ニンジン、パセリ、シシウドなどを食べる。

[Ha]　[Ss]

## アゲハ　アゲハチョウ科

前翅長：38 ～ 58 ㎜

分　布：平地｜山地｜全域

出現期：1月｜2月｜3月｜4月｜5月｜6月｜7月｜8月｜9月｜10月｜11月｜12月

別名ナミアゲハ。年３～４回発生する。北部山地では２～３回の発生となる。普通は山地に少なく、人家や公園などのミカン類のある周辺で多く見られる。アゲハチョウ類の中では最も普通に見られ、各種の花を訪れる。幼虫はカラタチ、サンショウ、キハダなどのほか、ミカン、キンカンなどを食べる。

[Ta]　[Ha]

## ナガサキアゲハ　アゲハチョウ科

前翅長：62 ～ 76 ㎜

分　布：平地｜山地｜全域（北部山地を除く）

出現期：1月｜2月｜3月｜4月｜5月｜6月｜7月｜8月｜9月｜10月｜11月｜12月

雌雄ともに尾状突起はなく裏面基部に赤斑がある。オスは黒色、メスは前翅の地色は淡く後翅の表裏面に白斑列を表す。かつては南方系の蝶であり、温暖化に伴い年々北上している。食樹はナツミカン、ユズ、キンカンなどの栽培ミカン類に限られているため、人家付近を緩やかに飛翔する。

## モンキアゲハ　アゲハチョウ科

前翅長：60 ～ 73 ㎜

分　布：平地｜山地｜全域

出現期：1月｜2月｜3月｜4月｜5月｜6月｜7月｜8月｜9月｜10月｜11月｜12月

雌雄ともに後翅に大きな黄白斑を持ち、ほかの黒色アゲハ類から一目で区別できる。暖地に多く寒冷地には稀。県北部山地には少ない。通常は年２回の発生。低山地の常緑樹の多い林などに生息。ウツギ類、クサギ、ヒガンバナなどで吸蜜し、幼虫の食草はキハダ、カラスザンショウなど。

## オナガアゲハ　アゲハチョウ科

前翅長：46 ～ 68 ㎜

分　布：平地 **山地** 全域

出現期：1月 2月 3月 4月 **5月 6月 7月 8月 9月** 10月 11月 12月

主に県北県央の山地に定着。山地の渓流沿いを好み雑木林の林縁などでも見られる。年２回発生し夏型は雌雄ともに大型になる。尾状突起は長くオスは後翅前縁に顕著な横白条がある。春はウツギやツツジ、夏はクサギややマユリの花を訪れる。幼虫はコクサギを最も好みサンショウ、カラスザンショウなどを食べる。

[Si]

## クロアゲハ　アゲハチョウ科

前翅長：48 ～ 68 ㎜

分　布：平地 山地 **全域**

出現期：1月 2月 3月 **4月 5月 6月 7月 8月 9月 10月** 11月 12月

オスの翅表は黒色で後翅前縁に横白条がある。メスは地色が淡く前翅の黒条が目立つ。年２～３回発生し、森林、林縁、公園や人家周辺に幅広く見られ、薄暗い林内も飛ぶ習性がある。いろいろな花を訪れ、オスは湿地で吸水したりする。幼虫の食樹はミカン科のユズ、栽培ミカン類、サンショウ、カラスザンショウなど。

[Si]

## カラスアゲハ　アゲハチョウ科

前翅長：50 ～ 68 ㎜

分　布：平地 山地 **全域**

出現期：1月 2月 3月 4月 **5月 6月 7月 8月 9月** 10月 11月 12月

年２回の発生。翅表は黒色の地色上に青緑色した鱗粉が広がる。オスの前翅にはビロード状の性標があり、夏型は春型よりも大型となる。渓流沿いや樹林の周辺などのほか公園でも見られ、アザミやツツジ類の花を好んで訪れる。幼虫は特にコクサギを好み、ほかにサンショウ、カラスザンショウ、ミカン類。

[Ta]
[Ko]

# ミヤマカラスアゲハ　アゲハチョウ科

前翅長：50 ～ 68 ㎜

分　布：平地 山地 全域

出現期：1月 2月 3月 4月 5月 6月 7月 8月 9月 10月 11月 12月

主に県北県央の山地に年２回発生する。翅表の青緑色した鱗粉が特に美しい。オスの前翅にはビロード状の性標がある。後翅裏面には黄白帯が現れ春型では黄白帯は明瞭だが、夏型ではやや不明瞭。生息地の多くは森林地帯で渓流沿いや尾根道などに蝶道を形成するほか、行動範囲が広く山頂部などで見られることも多い。ツツジ類、クサギ、アザミ類など各種の花を訪れる。オスは吸水性が強く集団での吸水行動が見られる。食樹はキハダ、カラスザンショウ、ハマセンダンのほか栽培ミカン類など。

## ヒメシロチョウ　シロチョウ科

前翅長：21 ～ 26 mm　I A類

分　布：平地 山地 全域

出現期：1月 2月 3月 4月 5月 6月 7月 8月 9月 10月 11月 12月

[Ha]

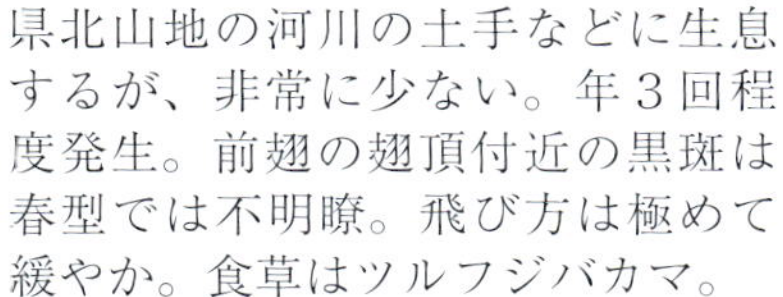
県北山地の河川の土手などに生息するが、非常に少ない。年３回程度発生。前翅の翅頂付近の黒斑は春型では不明瞭。飛び方は極めて緩やか。食草はツルフジバカマ。

## キタキチョウ　シロチョウ科

前翅長：21 ～ 26 mm

分　布：平地 山地 全域

出現期：1月 2月 3月 4月 5月 6月 7月 8月 9月 10月 11月 12月

[Ha] [Ha]

成虫で越冬する。越年個体は３～５月に見られるが、第１化夏型は６月中旬頃発生し、以後断続的に数回の発生を繰り返す。食草はネムノキ、ハギ類などマメ化の植物。

## ツマグロキチョウ　シロチョウ科

前翅長：18 ～ 22 mm　I B類

分　布：平地 山地 全域

出現期：1月 2月 3月 4月 5月 6月 7月 8月 9月 10月 11月 12月

[Ta] [Ss]

成虫で越冬する。３～５月にかけて活動し、第１化は５、６月頃から出現する。渓流沿いの道端や河川敷など食草のカワラケツメイの群落地に生息するも、近年激減。

## スジボソヤマキチョウ　シロチョウ科

前翅長：約 35 mm　I B類

分　布：平地 山地 全域

出現期：1月 2月 3月 4月 5月 6月 7月 8月 9月 10月 11月 12月

[Si]

北部山地で年１回。成虫で越冬し、6、７月頃に出現し、しばらく活動した後、夏眠に入り秋に再び活動する。アザミ類など各種の花を訪れる。食樹はクロウメモドキ。

## モンキチョウ　シロチョウ科

前翅長：25 ～ 32 ㎜
分　布：平地 山地 全域
出現期：1月 2月 3月 4月 5月 6月 7月 8月 9月 10月 11月 12月

オスは翅の地色は黄色だが、メスには黄色と白色の２型がある。各地に普通に見られ、春先～晩秋まで発生を繰り返す。食草はシロツメクサ、レンゲソウ、ミヤコグサなど。

## ツマキチョウ　シロチョウ科

前翅長：約 25 ㎜
分　布：平地 山地 全域
出現期：1月 2月 3月 4月 5月 6月 7月 8月 9月 10月 11月 12月

雌雄ともに前翅端はカギ状に突出ており、オスの翅端部は橙色紋がありメスにはない。タンポポ、ムラサキケマンなどに訪花。食草はタネツケバナ、ハタザオなどアブラナ科。

## モンシロチョウ　シロチョウ科

前翅長：20 ～ 30 ㎜
分　布：平地 山地 全域
出現期：1月 2月 3月 4月 5月 6月 7月 8月 9月 10月 11月 12月

路傍、草原、耕作地のいたるところで見られる。日当たりの良いところを好み、樹林内では見当たらない。食草は栽培種のキャベツを好み、ダイコン、ハクサイなど。

## スジグロシロチョウ　シロチョウ科

前翅長：28 ～ 32 ㎜
分　布：平地 山地 全域
出現期：1月 2月 3月 4月 5月 6月 7月 8月 9月 10月 11月 12月

オスの翅には発香鱗があり柑橘系の匂いがする。各地の林縁や公園、荒地にも普通。タンポポ、センダングサなどで吸蜜、幼虫はイヌガラシ、タネツケバナなど食べる。

## ムラサキシジミ　シジミチョウ科

前翅長：約 17 mm
分　布：平地｜山地｜全域
出現期：1月｜2月｜3月｜4月｜5月｜6月｜7月｜8月｜9月｜10月｜11月｜12月

成虫で越冬する。平地全域に見られ、県北山地には少ない。年3回の発生で、広葉樹林の周辺に生息し、訪花性は低い。食樹はアラカシ、アカガシ、スダジイなど。

## ムラサキツバメ　シジミチョウ科

前翅長：約 21 mm
分　布：平地｜山地｜全域
出現期：1月｜2月｜3月｜4月｜5月｜6月｜7月｜8月｜9月｜10月｜11月｜12月

近年、南方からの北進化現象が目立つ。成虫で越冬し、年4回発生を繰り返す。マテバシイが植栽されている街路樹や公園、人家周辺に生息し、北部山地には少ない。

## ウラゴマダラシジミ　シジミチョウ科

準絶

前翅長：約 21 mm
分　布：平地｜山地｜全域
出現期：1月｜2月｜3月｜4月｜5月｜6月｜7月｜8月｜9月｜10月｜11月｜12月

県西や鹿行の一部地域を除くほぼ全域に見られる。年1回発生。午後3時頃～5時頃に林縁で活動し、イボタノキやオカトラノオのような白い花を好む。食樹はイボタノキ。

## ウラキンシジミ　シジミチョウ科

Ⅱ類

前翅長：約 20 mm
分　布：平地｜山地｜全域
出現期：1月｜2月｜3月｜4月｜5月｜6月｜7月｜8月｜9月｜10月｜11月｜12月

北西部山地に見られ、年1回発生。斑紋は雌雄ほとんど同じ。成虫は夕暮れ時に活発に活動し、クリ、ノリウツギなどの白い花を好む。食樹はコバノトネリコなど。

## ムモンアカシジミ　シジミチョウ科

前翅長：約 21 mm

I B類

分　布：平地 山地 全域

出現期：1月 2月 3月 4月 5月 6月 7月 8月 9月 10月 11月 12月

北部山地の一部に局地的に生息。本種はアリとの共生関係にあり、分泌物でアリを誘引し身を守ってもらっている。幼虫の主食は植物に寄生するアブラムシなど。

## アカシジミ　シジミチョウ科

前翅長：約 21 mm

分　布：平地 山地 全域

出現期：1月 2月 3月 4月 5月 6月 7月 8月 9月 10月 11月 12月

平地～山地の落葉広葉樹林に生息し、２次林～原生林まで多様な環境に適応。クリの花蜜を好み、夕暮れ時に活発に活動する。食樹はクヌギ、コナラ、ミズナラなど。

## ウラナミアカシジミ　シジミチョウ科

前翅長：約 20 mm

分　布：平地 山地 全域

出現期：1月 2月 3月 4月 5月 6月 7月 8月 9月 10月 11月 12月

主に平地～丘陵地の雑木林に生息し、昼間は食樹の葉上に静止、日暮れ前に活発に飛翔する。２次林～原生林まで多様な環境に適応。食樹はクヌギ、コナラなど。

## オナガシジミ　シジミチョウ科

前翅長：約 18 mm

準絶

分　布：平地 山地 全域

出現期：1月 2月 3月 4月 5月 6月 7月 8月 9月 10月 11月 12月

北部山地の一部に発生。生息環境は渓流沿いや、人家周辺の川沿いのオニグルミの木に発生する。雌雄ともに食樹への執着心が強く、驚かしても遠く離れることはない。

## ミズイロオナガシジミ　シジミチョウ科

前翅長：約 17 mm

分　布：平地｜山地｜全域

出現期：1月｜2月｜3月｜4月｜5月｜6月｜7月｜8月｜9月｜10月｜11月｜12月

平地～山地の落葉広葉樹林に年1回発生。活動は朝と夕方で活動時間外行動は不活発で、下草や低木の葉上に静止することが多い。幼虫の食樹は主にクヌギ、コナラ。

## ウスイロオナガシジミ　シジミチョウ科

前翅長：約 17 mm

準絶

分　布：平地｜山地｜全域

出現期：1月｜2月｜3月｜4月｜5月｜6月｜7月｜8月｜9月｜10月｜11月｜12月

北部山地のミズナラが自生する渓谷の上部で発生。年1回発生し個体数は少ない。朝と夕方に活動し、昼間は不活発で下枝や下草に静止する。食樹はミズナラ、カシワ。

## ウラミスジシジミ　シジミチョウ科

前翅長：約 17 mm

分　布：平地｜山地｜全域

出現期：1月｜2月｜3月｜4月｜5月｜6月｜7月｜8月｜9月｜10月｜11月｜12月

北部山地に局地的に分布。裏面の銀白条に変化のある個体が混じる。活動は朝夕で、昼間は不活発で食樹の下枝や下草に静止する。食樹はミズナラ、クヌギ、コナラ。

## ウラクロシジミ　シジミチョウ科

前翅長：約 19 mm

準絶

分　布：平地｜山地｜全域

出現期：1月｜2月｜3月｜4月｜5月｜6月｜7月｜8月｜9月｜10月｜11月｜12月

北西部山地に発生。食樹のマンサクの多い落葉広葉樹林に生息。翅表は雌雄で異なりオスは銀白色、メスは外縁が黒く基半部は青白色となる。裏面の色彩斑紋に大差はない。

## ミドリシジミ　シジミチョウ科

前翅長：約 20 ㎜
分　布：平地｜山地｜全域
出現期：1月｜2月｜3月｜4月｜5月｜6月｜7月｜8月｜9月｜10月｜11月｜12月

平地〜丘陵地では谷地や湿潤な場所のハンノキ林が生息地。メスは変化に富みO型A型B型AB型の4つの型がある。幼虫の食樹はハンノキ、ヤマハンノキなど。

## アイノミドリシジミ　シジミチョウ科

準絶

前翅長：約 20 ㎜
分　布：平地｜山地｜全域
出現期：1月｜2月｜3月｜4月｜5月｜6月｜7月｜8月｜9月｜10月｜11月｜12月

北部の限られた山地に発生。主にミズナラの生える山地の落葉広葉樹林に生息。オスは枝先などで翅を開いて占有行動をとる。幼虫の食樹はミズナラ、コナラなど。

## フジミドリシジミ　シジミチョウ科

準絶

前翅長：約 16 ㎜
分　布：平地｜山地｜全域
出現期：1月｜2月｜3月｜4月｜5月｜6月｜7月｜8月｜9月｜10月｜11月｜12月

北部の限られた山地に発生。オスの翅表は金属光沢のある青色、メスは暗褐色で斑紋はない。日本固有種で年1回発生。個体数は少ない。幼虫の食樹はブナ、イヌブナ。

## ウラジロミドリシジミ　シジミチョウ科

IB類

前翅長：約 17 ㎜
分　布：平地｜山地｜全域
出現期：1月｜2月｜3月｜4月｜5月｜6月｜7月｜8月｜9月｜10月｜11月｜12月

北部山地の限られた地域に発生。食樹であるカシワ林が減少しており、生息数は少ない。オスの翅表は青みの強い金緑色。尾状突起は太く短い。幼虫の食樹はカシワ。

## オオミドリシジミ　シジミチョウ科

前翅長：約 20 mm
分　布：平地｜山地｜全域
出現期：1月｜2月｜3月｜4月｜5月｜6月｜7月｜8月｜9月｜10月｜11月｜12月

全域に発生するが鹿行地域の記録は少ない。平地～山地にかけて広範囲に分布するが、群生することはない。オスの活動は午前中。幼虫の食樹はコナラ、クヌギなど。

## クロミドリシジミ　シジミチョウ科

前翅長：約 20 mm
準絶
分　布：平地｜山地｜全域
出現期：1月｜2月｜3月｜4月｜5月｜6月｜7月｜8月｜9月｜10月｜11月｜12月

山地全域と隣接する平地に発生。食樹のクヌギは広く分布する落葉広葉樹だが、発生地は局地的である。オスは夕暮れ時、クヌギの梢上を活発に飛ぶ。

## エゾミドリシジミ　シジミチョウ科

前翅長：約 20 mm
準絶
分　布：平地｜山地｜全域
出現期：1月｜2月｜3月｜4月｜5月｜6月｜7月｜8月｜9月｜10月｜11月｜12月

北部山地に発生。オスの活動時間帯は主に午後～夕方で、渓流や林道に面した枝先で、強い占有活動をする。尾状突起は太く短い。食樹はコナラ、クヌギなど。

## ハヤシミドリシジミ　シジミチョウ科

前翅長：約 21 mm
IB類
分　布：平地｜山地｜全域
出現期：1月｜2月｜3月｜4月｜5月｜6月｜7月｜8月｜9月｜10月｜11月｜12月

北部山地の限られた地域に発生。生息地は明るい高原のようなカシワ林で、カシワの分布に制約され局地的。日中は不活発だが夕暮れ時に活発に占有飛翔をする。

## ジョウザンミドリシジミ　シジミチョウ科

Ⅱ類

前翅長：約 19 mm
分　布：平地｜山地｜全域
出現期：1月｜2月｜3月｜4月｜5月｜6月｜7月｜8月｜9月｜10月｜11月｜12月

北部山地の限られた地域に発生。主にミズナラ、コナラの生える落葉広葉樹林に生息する。オスの活動時間帯は主に午前中で、林縁林内の枝先で占有行動をとる。

## トラフシジミ　シジミチョウ科

前翅長：約 19 mm
分　布：平地｜山地｜全域
出現期：1月｜2月｜3月｜4月｜5月｜6月｜7月｜8月｜9月｜10月｜11月｜12月

山地では安定して生息するも、平地では目立って減少している。年2回発生し、幼虫の食性範囲は極めて広いが、フジ、クズ、ウツギなどの花や実を食べる。

## カラスシジミ　シジミチョウ科

ⅠA類

前翅長：約 16 mm
分　布：平地｜山地｜全域
出現期：1月｜2月｜3月｜4月｜5月｜6月｜7月｜8月｜9月｜10月｜11月｜12月

北部山地の限られた地域に発生。数は少ない。年1回の発生で、日当りの良い林間の開けた場所の白い花で吸蜜することが多い。幼虫の食樹はハルニレ、オヒョウなど。

## ミヤマカラスシジミ　シジミチョウ科

ⅠB類

前翅長：約 18 mm
分　布：平地｜山地｜全域
出現期：1月｜2月｜3月｜4月｜5月｜6月｜7月｜8月｜9月｜10月｜11月｜12月

北部山地の限られた地域に発生。年1回の発生で、その出現時期は遅く7月に入って現れる。止まるときは翅を閉じる。幼虫の食樹はクロウメモドキ、クロツバラなど。

## コツバメ　シジミチョウ科

前翅長：約 16 ㎜

分　布：平地 | **山地** | 全域

出現期：1月 | 2月 | 3月 | **4月** | **5月** | 6月 | 7月 | 8月 | 9月 | 10月 | 11月 | 12月

県北県央の山地と山麓に生息する。年1回早春に発生する。飛翔は敏速。太陽光と垂直になるように体を傾けて日光浴する。食草はアセビ、ツツジ、ガマズミなど。

## ベニシジミ　シジミチョウ科

前翅長：約 17 ㎜

分　布：平地 | 山地 | **全域**

出現期：1月 | 2月 | 3月 | **4月** | **5月** | **6月** | **7月** | **8月** | **9月** | **10月** | **11月** | 12月

路傍、草原、畑地、河川の堤防などに広く見られる普通種。各種の花によくくる。3月から年3～4回発生し、季節的な変異がある。幼虫の食草はスイバ、ギシギシなど。

## ゴイシシジミ　シジミチョウ科

前翅長：約 14 ㎜

分　布：平地 | 山地 | **全域**

出現期：1月 | 2月 | 3月 | 4月 | **5月** | **6月** | **7月** | **8月** | **9月** | **10月** | 11月 | 12月

雌雄の色彩斑紋はほぼ同じ。発生は局地的だが生息場所は各地に広がる。幼虫は純肉食性でタケやササ類に寄生するアブラムシ。やや薄暗いササ類の周辺に見られる。

## クロシジミ　シジミチョウ科

IA類

前翅長：約 20 ㎜

分　布：平地 | **山地** | 全域

出現期：1月 | 2月 | 3月 | 4月 | 5月 | 6月 | **7月** | **8月** | 9月 | 10月 | 11月 | 12月

北部、西部山地に局地的。年1回の発生。幼虫はアブラムシの甘蜜を食物とした後、クロオオアリの巣に運び込まれアリから食餌を受ける。翌春に蛹になり、羽化する。

## ウラナミシジミ　シジミチョウ科

前翅長：約 18 mm
分　布：平地｜山地｜全域
出現期：1月｜2月｜3月｜4月｜5月｜6月｜7月｜8月｜9月｜10月｜11月｜12月

5月に入ると、茨城県より温暖な地域から北上してくる。9月に入ると一気に増加し、10月上旬には最大に達し、平地から低山地全域に広がるが、冬季には死滅する。

## ヤマトシジミ　シジミチョウ科

前翅長：約 14 mm
分　布：平地｜山地｜全域
出現期：1月｜2月｜3月｜4月｜5月｜6月｜7月｜8月｜9月｜10月｜11月｜12月

平地全域、県北の太平洋岸平地、筑波山塊500 m未満地域に生息する。メスはカタバミに産卵する。4～11月まで4回程度世代交代する。最も普遍的な種である。

## ルリシジミ　シジミチョウ科

前翅長：約 17 mm
分　布：平地｜山地｜全域
出現期：1月｜2月｜3月｜4月｜5月｜6月｜7月｜8月｜9月｜10月｜11月｜12月

県内全域に生息し、渓谷や雑木林の周辺でよく見かける。フジやクズなどに産卵する。夏の高温期には路上吸水をよく見る。平地や低山地は年4回、山地では年3回出現。

## スギタニルリシジミ　シジミチョウ科

前翅長：約 16 mm
分　布：平地｜山地｜全域
出現期：1月｜2月｜3月｜4月｜5月｜6月｜7月｜8月｜9月｜10月｜11月｜12月

1986年北部山地で初記録された。山地に生息し、3月下旬～4月下旬の1ヶ月、年1回の出現。渓谷の林道で吸水する姿をよく見かける。トチノキやミズキに産卵する。

## ツバメシジミ　シジミチョウ科

前翅長：約 14 mm
分　布：平地｜山地｜全域
出現期：1月｜2月｜3月｜4月｜5月｜6月｜7月｜8月｜9月｜10月｜11月｜12月

県内全域に生息する。日当たりの良い路傍や土手などの草地に生息する。メスはシロツメクサやハギなどに産卵する。平地や低山地では年４回。山地では年３回の出現。

## ヒメシジミ　シジミチョウ科

ⅠB類

前翅長：約 14 mm
分　布：平地｜山地｜全域
出現期：1月｜2月｜3月｜4月｜5月｜6月｜7月｜8月｜9月｜10月｜11月｜12月

山地の標高 600 ～ 700 m 地域の牧場や草刈り場、湿地の草地に生息する。産地も少なく、個体数も少ない。茨城県絶滅危惧種、環境省絶滅危惧種に指定されている。

## ウラギンシジミ　シジミチョウ科

前翅長：約 21 mm
分　布：平地｜山地｜全域
出現期：1月｜2月｜3月｜4月｜5月｜6月｜7月｜8月｜9月｜10月｜11月｜12月

平地全域と標高の低い山地に生息する。幼虫はフジやクズなどを食べる。6 ～ 8 月は夏型、9 ～ 11 月は秋型、その後越冬に入る。民家の生垣での越冬が記録されている。

## テングチョウ　タテハチョウ科

前翅長：約 23 mm
分　布：平地｜山地｜全域
出現期：1月｜2月｜3月｜4月｜5月｜6月｜7月｜8月｜9月｜10月｜11月｜12月

県内全域から記録されているが平地では少ない。成虫で越冬をする。6 ～ 7 月に新鮮な個体が出現し、8 ～ 9 月は夏眠で姿を隠し、10 ～ 11 月再び活動、後、越冬に入る。

## アサギマダラ　タテハチョウ科

前翅長：53～62 ㎜
分　布：平地 **山地** 全域
出現期：1月 2月 3月 4月 **5月 6月 7月 8月 9月 10月 11月** 12月

[Ss] [Ha]

成虫は県内全域で見られ、ヒヨドリバナなどを訪れる。幼虫の生息地は照葉樹に囲まれ霜が降りずにキジョランが自生する樹林。越冬幼虫は少しずつ成長し5月に羽化。

## ウラギンスジヒョウモン　タテハチョウ科

Ⅱ類

前翅長：約 37 ㎜
分　布：平地 **山地** 全域
出現期：1月 2月 3月 4月 5月 6月 **7月 8月 9月 10月** 11月 12月

[No]

平地や筑波山塊でも見られたが、2000 年以降は北部山地だけになった。7月に出現し、8月中旬から活動を停止、夏眠に入る。秋に再び活動。成虫は 10 月に終息。

## オオウラギンスジヒョウモン　タテハチョウ科

前翅長：約 37 ㎜
分　布：平地 **山地** 全域
出現期：1月 2月 3月 4月 5月 **6月 7月 8月 9月 10月** 11月 12月

[Si] [Ss]

県内全域から記録されている。定着地域は筑波山塊を含む山地。6月下旬～10 月まで見られるが8月中旬に夏眠に入る。夏眠後はメスの平地への移動が始まる。

## ミドリヒョウモン　タテハチョウ科

前翅長：約 37 ㎜
分　布：平地 山地 **全域**
出現期：1月 2月 3月 4月 5月 **6月 7月 8月 9月 10月** 11月 12月

[Ko]

後翅の裏面が薄緑色をしている豹紋（ヒョウモン）蝶。県内のほぼ全域の草地で見られる。6～10 月まで出現するが8月に夏眠をする。秋、平地に移動するメスが見られる。

## クモガタヒョウモン　タテハチョウ科

前翅長：約 38 ㎜
分　布：平地 山地 全域
出現期：1月 2月 3月 4月 5月 6月 7月 8月 9月 10月 11月 12月

後翅の裏面が一様に黄緑色をしている。筑波山塊を含む山地全域に生息するが、平地の記録も見られる。秋の山地からの移動個体と考えられる。8月中旬に夏眠をする。

## ウラギンヒョウモン　タテハチョウ科

前翅長：約 35 ㎜
分　布：平地 山地 全域
出現期：1月 2月 3月 4月 5月 6月 7月 8月 9月 10月 11月 12月

筑波山塊を含む山地に生息するが、山地では7～8月夏眠をする。平地にも6月と秋の記録が少数ある。秋の山地からの里下がりの記録と、翌年の新個体の記録である。

## メスグロヒョウモン　タテハチョウ科

前翅長：約 40 ㎜
分　布：平地 山地 全域
出現期：1月 2月 3月 4月 5月 6月 7月 8月 9月 10月 11月 12月

メスの翅表は黒色、オスは橙色。県内全域に生息する。平地でも記録されているが、記録が6～10月まで連続（8月中旬夏眠）する地域、断片的に記録されている地域、記録のない地域がある。山地では6月に新鮮個体出現。8月中旬の夏眠期を除いて10月まで姿が見られる。

## ツマグロヒョウモン　タテハチョウ科

前翅長：約 40 ㎜
分　布：平地｜山地｜全域
出現期：1月｜2月｜3月｜4月｜5月｜6月｜7月｜8月｜9月｜10月｜11月｜12月

[So]　[So]

メスの翅の先端が黒い。1997 年以前は珍しい蝶であったが、2000 年以後、平地での記録が続出。現在では平地全域に生息する。山地で見るのは平地からの移動個体。

## イチモンジチョウ　タテハチョウ科

前翅長：約 30 ㎜
分　布：平地｜山地｜全域
出現期：1月｜2月｜3月｜4月｜5月｜6月｜7月｜8月｜9月｜10月｜11月｜12月

[Hi]

県内全域に生息する。平地の河川敷や山地の渓流沿いの樹林で見られる。成虫の出現は 5 〜 9 月、年 2 回。アサマイチモンジと違い、前翅第 3 室の白紋がほかより小さい。

## アサマイチモンジ　タテハチョウ科

前翅長：約 30 ㎜
分　布：平地｜山地｜全域
出現期：1月｜2月｜3月｜4月｜5月｜6月｜7月｜8月｜9月｜10月｜11月｜12月

[Ta]

県内全域に生息するが、山地、平地ともに記録を欠く地域がある。山地の渓流や平地の河川敷林に生息。成虫の出現は、山地 6 〜 9 月、年 2 回。平地 5 〜 10 月、年 3 回。

## コミスジ　タテハチョウ科

前翅長：約 25 ㎜
分　布：平地｜山地｜全域
出現期：1月｜2月｜3月｜4月｜5月｜6月｜7月｜8月｜9月｜10月｜11月｜12月

[Si]

県内全域に生息する。樹林周辺で滑空するように飛翔する姿をよく見かける。フジやハギに産卵する。平地、山地ともに 5 〜 10 月出現。平地は年 3 化、山地は年 2 化。

## ミスジチョウ　タテハチョウ科

前翅長：約 37 ㎜
分　布：平地 | **山地** | 全域
出現期：1月 | 2月 | 3月 | 4月 | **5月** | **6月** | **7月** | 8月 | 9月 | 10月 | 11月 | 12月

山地に生息するが、平地でも、イロハモミジが植栽されている人家や公園から記録されている。冬季に山取りされたイロハモミジに越冬幼虫が付着していた。年１化。

## オオミスジ　タテハチョウ科

前翅長：約 40 ㎜
分　布：平地 | **山地** | 全域
出現期：1月 | 2月 | 3月 | 4月 | 5月 | **6月** | **7月** | **8月** | **9月** | 10月 | 11月 | 12月

山地に生息する最も大型のミスジチョウ。ウメが食樹なので、人家のない山地では記録されていない。平地では、梅の名所偕楽園や桜山で記録されている。年１回の出現。

## サカハチチョウ　タテハチョウ科

前翅長：約 25 ㎜
分　布：平地 | **山地** | 全域
出現期：1月 | 2月 | 3月 | 4月 | **5月** | **6月** | **7月** | **8月** | **9月** | 10月 | 11月 | 12月

筑波山塊を除く山地全域から記録されている。春型はオレンジ色、夏型は暗黒色。成虫の出現は５～９月。標高 500m 以上の山地は年２回、以下の山地は年３回である。

## キタテハ　タテハチョウ科

前翅長：約 27 ㎜
分　布：平地 | 山地 | **全域**
出現期：1月 | 2月 | **3月** | **4月** | **5月** | **6月** | **7月** | **8月** | **9月** | **10月** | **11月** | 12月

県内全域に生息する普遍的な種。成虫で越冬し、荒れ地や林縁のカナムグラに産卵する。６月に第１化が出現し、11 月までに山地では３回、平地は年４回姿を見せる。

## シータテハ　タテハチョウ科

前翅長：約 28 ㎜
分　布：平地 **山地** 全域
出現期：1月 2月 **3月 4月 5月 6月 7月 8月 9月 10月** 11月 12月

筑波山塊を含む山地全域に生息する。6月下旬から夏型が出現、9月から秋型が出現し、越冬する。山地の谷で見ることが多く飛翔は敏速。筑波山塊では夏型は少ない。

## エルタテハ　タテハチョウ科

前翅長：約 32 ㎜
分　布：平地 **山地** 全域
出現期：県内不明

茨城県での生息は確認されていない。北茨城市花園山で1個体（1966年8月5日）、八溝山1♀（2015年3月31日）の2記録のみ。花園山の標本は公表されていない。

## ルリタテハ　タテハチョウ科

前翅長：約 34 ㎜
分　布：平地 山地 **全域**
出現期：1月 2月 **3月 4月** 5月 **6月 7月 8月 9月 10月 11月** 12月

県全域に生息する。サルトリイバラなどに産卵。雑木林周辺で姿を見ることが多い。成虫で越冬し春先に姿を見せる。山地では6～9月、平地では6～11月まで年3回出現。

## キベリタテハ　タテハチョウ科

前翅長：約 38 ㎜
分　布：平地 **山地** 全域
出現期：1月 2月 3月 4月 5月 6月 7月 **8月 9月** 10月 11月 12月

出現期に、八溝山3・筑波山3・平地の下妻2、越冬個体は、八溝山2・多賀山地400m以上4の記録があるのみ。食樹ダケカンバは八溝山に少数自生しているだけ。

## ヒオドシチョウ　タテハチョウ科

前翅長：約 36 ㎜

分　布：平地 山地 **全域**

出現期：1月 2月 **3月 4月 5月 6月 7月 8月** 9月 10月 11月 12月

県全域から記録されている。年1化。春先に日当たりの良い林縁や林床に、越冬成虫が姿を見せる。メスはエノキの枯れ枝に卵塊で産卵、6月に新成虫が出現するが、高温期に夏眠に入る。平地や低山地では7月、筑波山塊や、標高500m以上の山地では8月に休眠する。八溝山では6月上旬～7月下旬に活動。

[Si] [Si] [Ta]

## クジャクチョウ　タテハチョウ科

前翅長：約 28 ㎜

分　布：平地 **山地** 全域

出現期：1月 2月 3月 4月 5月 **6月 7月 8月 9月 10月** 11月 12月

山地に生息するが、県北山地では標高 500 m以上のブナ林地域、筑波山塊でも標高 500m 以上の地域に生息する。一般に個体数は少ないが、8月下旬八溝山頂では、20 個体以上が吸蜜に集まることがある。成虫の出現は第1化6～7月、第2化8～10月、以後越冬する。なかには里下りするものもある。

[So]

## ヒメアカタテハ　タテハチョウ科

前翅長：約 32 ㎜

分　布：平地 山地 **全域**

出現期：1月 2月 3月 **4月 5月 6月 7月 8月 9月 10月 11月** 12月

県内全域から記録されている。山地では7～10月に成虫が出現し、越冬個体は見られない。平地から移動した個体の子孫である。平地では年間を通して成虫が出現する。4月に越冬個体が出現し、以後12月まで姿が見られる。11月に産卵、冬季に幼虫と成虫が記録される。平地が定着地域である。

[Si]

## アカタテハ　タテハチョウ科

前翅長：約 32 ㎜

分　布：平地｜山地｜**全域**

出現期：1月｜2月｜**3月｜4月｜5月｜6月｜7月｜8月｜9月｜10月**｜11月｜12月

県内全域に生息する。日当たりの良い環境を好み、山地では広い谷、平地では谷津田などが生息環境である。谷津田ではカラムシの自生地で見るが、雑草として刈り取られることが多く、幼虫や蛹は死滅する。成虫は4月に産卵し、標高 600m 以上の山地で年2回、以下の山地で年3回、平地で年4回出現する。

## スミナガシ　タテハチョウ科

前翅長：約 35 ㎜

分　布：平地｜**山地**｜全域

出現期：1月｜2月｜3月｜4月｜**5月｜6月｜7月｜8月｜9月**｜10月｜11月｜12月

筑波山塊を含む山地全域から記録されている。平地の勝田市・水戸市・真壁町・境町などでも記録されているがすべて山地からの移動個体である。幼虫の食樹はアワブキであるが、平地には自生しない。筑波山では、午後3時頃から山頂でテリトリーを張る。第1化5月中旬～7月上旬、第2化8月上旬～9月上旬。

## アカボシゴマダラ　タテハチョウ科

前翅長：約 43 ㎜

分　布：**平地**｜山地｜全域

出現期：1月｜2月｜3月｜4月｜5月｜**6月｜7月｜8月**｜9月｜10月｜11月｜12月

埼玉県・神奈川県・東京都・千葉県・栃木県で記録されていたが、2011 年真壁で記録され、2012 年古河市・結城市・坂東市・八千代町、2014 年久慈男体山、2015 年日立市で記録された。坂東市の 2012 年の春型は、メスが白化する中国大陸亜種であることが判明した。人為的に移入されたもので拡大が速い。

## ゴマダラチョウ　タテハチョウ科

前翅長：約 40 ㎜

分　布：平地｜山地｜全域

出現期：1月 2月 3月 4月 5月 6月 7月 8月 9月 10月 11月 12月

[Hi] [Si]

平地～低山地に生息する。平地ではほぼ全域から記録されている。筑波山塊では中腹以下に生息する。山地では温暖な太平洋岸平地や久慈川の谷に記録が多い。エノキが幼虫の食樹なので、雑木林が生息環境である。樹液によく集まる。成虫出現は５～６月・７～９月の年２化。

## コムラサキ　タテハチョウ科

前翅長：約 35 ㎜

分　布：平地｜山地｜全域

出現期：1月 2月 3月 4月 5月 6月 7月 8月 9月 10月 11月 12月

[O] [Ss] [Ta]

幼虫の食樹がヤナギなので、山地や平地の河川や湿地で記録されている。山地では多賀山地と大小の河川が太平洋に注ぐ太平洋岸平地で多い。平地では、台地斜面の湧水地や県西の小貝川、鬼怒川流域で記録が多く見られる。成虫の出現は山地で年２回、平地で年３回。

## オオムラサキ　タテハチョウ科

前翅長：約 53 ㎜　Ⅱ類

分　布：平地｜山地｜全域

出現期：1月｜2月｜3月｜4月｜5月｜6月｜7月｜8月｜9月｜10月｜11月｜12月

県全域から記録されている。かつては、雑木林では普通に見られる種であったが、近年は著しく減少している。「1948 年頃、常総市南部の水田地帯の中に、クヌギとエノキの混合する並木が 2 ㎞ほどあった、エノキの小枝は老熟幼虫が造った台座により垂れ下がり、羽化期には成虫が飛び交った。1953 年、農薬空中散布と有機リン剤の水田散布によって絶滅した」「1950 年、水戸市西原町・久保町・笠原水源のエノキが伐採され姿を消した」「1970 年代、高萩市松岡地区・かつての水戸藩の支藩、城

下町の武家屋敷にはオオムラサキの生息するエノキ林があった。1980年にエノキが伐採された。高萩市では秋山・台高萩・下手綱・上手綱にかなり見られたが、1980年激減。確実に見られる場所がなくなった。」平地では団地や住宅、工業団地の造成による雑木林伐採が進行し確実に減少している。しかし、開発の手の少なかった里山にオオムラサキは残った。多産地は減少したが2000年以後の記録地点は少なくない。観察施設が下妻市横根小貝川・つくば市豊里・常陸大宮市皆沢にある。

## ヒメウラナミジャノメ　タテハチョウ科

前翅長：約 19 ㎜

分　布：平地｜山地｜**全域**

出現期：1月｜2月｜3月｜4月｜**5月**｜**6月**｜**7月**｜**8月**｜**9月**｜**10月**｜11月｜12月

県全域に生息する。明るい樹林内や耕地の周辺に生息する。どこでも個体数が多い。出現回数は、平地年３化、山地年２化。筑波山塊の標高 400 m以上２化、以下３化。

## ジャノメチョウ　タテハチョウ科

前翅長：約 33 ㎜

分　布：平地｜山地｜**全域**

出現期：1月｜2月｜3月｜4月｜5月｜**6月**｜**7月**｜**8月**｜**9月**｜10月｜11月｜12月

県全域に生息する。日当たりの良い耕地の周辺や堤防などの草地で見られる。食草はススキなど。成虫の出現は年１回であるが、標高の高い山地の始まりは１カ月遅れる。

## ヒメキマダラヒカゲ　タテハチョウ科

Ⅱ類

前翅長：約 30 ㎜

分　布：平地｜**山地**｜全域

出現期：1月｜2月｜3月｜4月｜5月｜6月｜7月｜**8月**｜**9月**｜10月｜11月｜12月

標高 400 m以上の山地に生息する。筑波山塊記録なし。平地の真壁町谷貝 1961 年、水戸市笠原水源 1948 年で各１個体の記録がある。栃木県では標高 700 m以上に生息。

## クロヒカゲ　タテハチョウ科

前翅長：約 28 ㎜

分　布：平地｜**山地**｜全域

出現期：1月｜2月｜3月｜4月｜**5月**｜**6月**｜**7月**｜**8月**｜**9月**｜**10月**｜11月｜12月

筑波山塊を含む山地全域に生息する。ササが下草の雑木林周辺に見られる。樹液に集まり、飛翔は活発である。平地では、那珂台地で第２化の移動個体の記録がある。

## ヒカゲチョウ　タテハチョウ科

前翅長：約 30 ㎜
分　布：**平地**｜山地｜全域
出現期：1月｜2月｜3月｜4月｜5月｜**6月**｜**7月**｜**8月**｜**9月**｜**10月**｜11月｜12月

平地全域と筑波山塊を含む標高400 m以下の山地に生息する。平地では、雑木林周辺ではいたるところで見られる。成虫出現は全域年2回。山地では出現が遅れる。

## オオヒカゲ　タテハチョウ科

準絶

前翅長：約 40 ㎜
分　布：平地｜**山地**｜全域
出現期：1月｜2月｜3月｜4月｜5月｜6月｜**7月**｜**8月**｜**9月**｜10月｜11月｜12月

筑波山塊を除く山地に生息する。多賀山地の標高500 m以上の地域と、栃木県境の大子町・御前山・七会村（現城里町）の標高200 m未満の山地で記録されている。年1回。

## ヤマキマダラヒカゲ　タテハチョウ科

前翅長：約 35 ㎜
分　布：平地｜**山地**｜全域
出現期：1月｜2月｜3月｜4月｜**5月**｜**6月**｜**7月**｜**8月**｜**9月**｜10月｜11月｜12月

山地全域に生息する。ササの茂る雑木林内で見られる。標高400 m以下の山地では、サトキマダラヒカゲと混生する。成虫出現は年2回。八溝山山頂は年3回。

## サトキマダラヒカゲ　タテハチョウ科

前翅長：約 36 ㎜
分　布：**平地**｜山地｜全域
出現期：1月｜2月｜3月｜4月｜**5月**｜**6月**｜**7月**｜**8月**｜**9月**｜10月｜11月｜12月

平地全域と、標高400 m以下の山地に生息する。筑波山塊でも標高500 m以上には生息しない。ササの茂る雑木林内で見られる。成虫の出現は、山地、平地とも年2回。

## ヒメジャノメ　タテハチョウ科

前翅長：21 〜 25 ㎜
分　布：平地｜山地｜全域
出現期：1月｜2月｜3月｜4月｜5月｜6月｜7月｜8月｜9月｜10月｜11月｜12月

本種は日陰を好む蝶であるが、人里近くの林縁や丘陵地の草地などやや明るい環境にも適応して、地表近くや草むらの中を跳躍するようにリズミカルに飛ぶ。腐果や樹液で吸汁し、訪花例は少ない。幼虫はアシボソなどのイネ科やカヤツリグサ科植物を食草とし、4令幼虫で越冬する。

## コジャノメ　タテハチョウ科

前翅長：23 〜 25 ㎜
分　布：平地｜山地｜全域
出現期：1月｜2月｜3月｜4月｜5月｜6月｜7月｜8月｜9月｜10月｜11月｜12月

ヒメジャノメに似るが地色はより暗く、裏面の白色帯は明確で紫色を帯びる。前種に比べやや暗い環境を好む。食草はチヂミザサなどイネ科植物。越冬態は終令幼虫。

## クロコノマチョウ　タテハチョウ科

前翅長：約 39 ㎜
分　布：平地｜山地｜全域
出現期：1月｜2月｜3月｜4月｜5月｜6月｜7月｜8月｜9月｜10月｜11月｜12月

現在では全域で見られるが、以前は侵入迷蝶であった。社寺林内などの暗所を好み、葉上や地表に静止していることが多く、成虫で越冬する。食草はイネ科のススキなど。

# チャマダラセセリ　セセリチョウ科

前翅長：約13 mm

I B類

分　布：平地｜山地｜全域

出現期：1月｜2月｜3月｜4月｜5月｜6月｜7月｜8月｜9月｜10月｜11月｜12月

[Ss]
[Si]
[Ta]
[Ta]
[Ta]

茨城県を代表する蝶の一種で県北山地の伐採地の開けた明るい草原や道端で見られる。草地が灌木などで覆われると発生地は他所へ移る。早春4月には白斑が明瞭に目立つ春型が発生し、7月には夏型が発生する。地表近くを俊敏に飛び回り、吸蜜や空間占有行動をする。暑い日には地面に降りて吸水する。雌雄の翅斑はほぼ同様だがオスの後脚脛節には顕著な長毛束があり、これで判別できる。食草はバラ科植物のキジムシロなど。幼虫は吐糸で葉を綴って巣を造りこの中で成長する。越冬態は蛹。

## ミヤマセセリ　セセリチョウ科

前翅長：約 18 ㎜
分　布：平地｜山地｜**全域**
出現期：1月｜2月｜3月｜**4月**｜**5月**｜6月｜7月｜8月｜9月｜10月｜11月｜12月

春を告げる蝶の一種である。雑木林の中はまだ茶色の野原だが咲き始めたスミレやタンポポの花を飛び回って吸蜜する。食樹はコナラなどブナ科。越冬態は終令幼虫。

## ダイミョウセセリ　セセリチョウ科

前翅長：約 18 ㎜
分　布：平地｜山地｜**全域**
出現期：1月｜2月｜3月｜**4月**｜**5月**｜**6月**｜**7月**｜**8月**｜**9月**｜10月｜11月｜12月

林縁の蝶で、林内外を敏捷に出入りして飛び、驚くと葉の表裏に翅を開いて止まる。訪花するが獣糞などで吸汁もする。蛹も蝶と同じ白黒の２色柄。食草はヤマノイモ科。

## アオバセセリ　セセリチョウ科

前翅長：約 25 ㎜
分　布：平地｜**山地**｜全域
出現期：1月｜2月｜3月｜4月｜**5月**｜**6月**｜**7月**｜**8月**｜**9月**｜10月｜11月｜12月

大型のセセリチョウで、飛翔は極めて敏捷。朝夕には山頂の空き地などで占有行動をする。幼虫はアワブキ科植物を食し、派手な縞模様で人目を引く。越冬態は蛹。

## キバネセセリ　セセリチョウ科

IA類

前翅長：約 21 ㎜
分　布：平地｜**山地**｜全域
出現期：1月｜2月｜3月｜4月｜5月｜6月｜**7月**｜**8月**｜9月｜10月｜11月｜12月

茨城県では極めてまれな蝶で、採集記録は2000年で途絶えている。体の割には目が大きく、吸蜜にも吸水にも訪れる。幼虫はハリギリを食樹とし、越冬態は幼虫。

## ギンイチモンジセセリ　セセリチョウ科

Ⅱ類

前翅長：約 14 mm
分　布：平地 | 山地 | **全域**
出現期：1月 2月 3月 **4月 5月 6月 7月 8月 9月** 10月 11月 12月

[Ss] [O]

河川敷などに多く、草地を緩やかに飛び、翅を閉じて静止することが多い。ススキなどのイネ科を食草とし、5令幼虫で越冬した後、食せず2回脱皮して蛹化する。

## ホシチャバネセセリ　セセリチョウ科

ⅠB類

前翅長：約 11 mm
分　布：平地 | **山地** | 全域
出現期：1月 2月 3月 4月 5月 6月 **7月 8月** 9月 10月 11月 12月

[Ta] [Ta]

林間の草地でススキなどに止まり見張り型占有行動をする。小型で敏速に飛ぶので見失いやすい。吸水もするがトラノオなどの花によくくる。食草はイネ科アブラススキなど。

## ホソバセセリ　セセリチョウ科

前翅長：約 17 mm
分　布：平地 | 山地 | **全域**
出現期：1月 2月 3月 4月 5月 6月 **7月 8月** 9月 10月 11月 12月

[Ss]

林内の空き地、林縁などで花に吸蜜に来ているところが見られるが、数は多くない。飛翔は緩やかで、オスに比べメスはやや大型。食草はイネ科ススキが主。

## スジグロチャバネセセリ　セセリチョウ科

Ⅱ類

前翅長：約 12 mm
分　布：平地 | **山地** | 全域
出現期：1月 2月 3月 4月 5月 6月 **7月 8月** 9月 10月 11月 12月

[Ss]

翅を閉じて花で吸蜜していることが多く、オレンジ色の地色に黒い翅脈がはっきりと見え、本種と分かる。食草はイネ科のヒメノガリヤスなど。越冬態は初令幼虫。

## コキマダラセセリ　セセリチョウ科

Ⅱ類

前翅長：約 16 ㎜
分　布：平地 | **山地** | 全域
出現期：1月 2月 3月 4月 5月 6月 **7月** **8月** 9月 10月 11月 12月

県内では採集記録の少ない蝶で、産地は県北山地に限定される。牧場周辺や林道脇の草地で活発に飛び回り吸蜜する。食草はイネ科のススキやカヤツリグサ科の植物。

## ヒメキマダラセセリ　セセリチョウ科

前翅長：約 13 ㎜
分　布：平地 | **山地** | 全域
出現期：1月 2月 3月 4月 **5月** **6月** **7月** **8月** **9月** 10月 11月 12月

小型の蝶ではあるが、明るい地色でよく目立つ。林道や沢沿いの道端の草地で吸蜜や占有行動で盛んに飛び回る。食草はアシボソなどのイネ科やカヤツリグサ科植物。

## キマダラセセリ　セセリチョウ科

前翅長：約 14 ㎜
分　布：平地 | 山地 | **全域**
出現期：1月 2月 3月 4月 5月 **6月** **7月** **8月** **9月** 10月 11月 12月

生息地は低地から山地におよびやや普通に見られる。樹林脇の草地を敏速に飛翔し、花や汚物で吸蜜、吸汁する。食草はイネ科ススキ、エノコログサなど。

## コチャバネセセリ　セセリチョウ科

前翅長：約 14 ㎜
分　布：平地 | 山地 | **全域**
出現期：1月 2月 3月 4月 **5月** **6月** **7月** **8月** **9月** 10月 11月 12月

低地から山地の林床にササが繁茂しているような林縁に多く、花や汚物で吸蜜、吸汁する。ときに大発生し、吸水集団を作ることがある。食草はイネ科クマザサなど。

## オオチャバネセセリ　セセリチョウ科

前翅長：約 17 ㎜
分　布：平地｜山地｜全域
出現期：1月｜2月｜3月｜4月｜5月｜6月｜7月｜8月｜9月｜10月｜11月｜12月

[Ha]

樹林と草原が混在するような草原に多く、訪花や占有行動中の個体を見ることが多い。ほかの茶色セセリよりやや大型で後翅の白斑紋が直線状にならないので区別は容易。

## チャバネセセリ　セセリチョウ科

前翅長：約 16 ㎜
分　布：平地｜山地｜全域
出現期：1月｜2月｜3月｜4月｜5月｜6月｜7月｜8月｜9月｜10月｜11月｜12月

[Si]

初夏、県内に侵入した個体が秋遅くまで発生を繰り返し、普通に見られる。ただし、冬期には低温のため全て死に絶えるというサイクルを繰り返す。食草はイネ科植物。

## ミヤマチャバネセセリ　セセリチョウ科

前翅長：約 17 ㎜
分　布：平地｜山地｜全域
出現期：1月｜2月｜3月｜4月｜5月｜6月｜7月｜8月｜9月｜10月｜11月｜12月

[Ta]

林縁の草地などで訪花中や吸水中の個体が見られる。オオチャバネセセリに酷似するが、後翅裏面中室に白斑があり区別できる。食草はイネ科草本植物。越冬態は蛹。

## イチモンジセセリ　セセリチョウ科

前翅長：約 17 ㎜
分　布：平地｜山地｜全域
出現期：1月｜2月｜3月｜4月｜5月｜6月｜7月｜8月｜9月｜10月｜11月｜12月

[Si]

茨城県は土着の限界地域で、越冬の成否でその年の第１化の発生時期が変わる。秋遅くまで発生を続け、個体数が激増する。食草は主にイネ科植物。越冬態は幼虫。

## クロハネシロヒゲナガ　ヒゲナガガ科

開　張：13～15 ㎜
分　布：平地　山地　**全域**
出現期：1月 2月 3月 4月 **5月** **6月** 7月 8月 9月 10月 11月 12月

やや湿った草地で見られ、各地に普通。オスの触角は長く体長の8倍ほどある。草地の上をチラチラと飛ぶ姿は、触角から体がぶら下がっているように見える。

## ホソオビヒゲナガ　ヒゲナガガ科

開　張：14～17 ㎜
分　布：平地　山地　**全域**
出現期：1月 2月 3月 **4月** **5月** **6月** **7月** 8月 9月 10月 11月 12月

平地から山地まで、極めて普通で、道端の草の上に静止しているのがよく見られる。左のクロハネシロヒゲナガとともに幼虫の食草は不明。右上はメスで、触角は短い。

## カノコマルハキバガ　マルハキバガ科

開　張：15～19 ㎜
分　布：平地　山地　**全域**
出現期：1月 2月 3月 4月 **5月** **6月** **7月** **8月** 9月 10月 11月 12月

小さいながらも綺麗な模様をもつ蛾で、林縁の葉上や草の上で見かける。また、大木の空洞内に群がっている。昼間見ることが多いが、灯火にも飛来する。

## カバイロキバガ　キバガ科

開　張：17～21 ㎜
分　布：平地　山地　**全域**
出現期：1月 2月 3月 **4月** **5月** **6月** 7月 8月 9月 10月 11月 12月

各地に普通で、特徴のある形から一度覚えたら忘れない。幼虫の食草はサクラなどのバラ科植物で、葉を縦に二つに折り、中に潜む。成虫もサクラの葉上で多く見られる。

## アカイラガ　イラガ科

開　張：20〜27 mm
分　布：平地｜山地｜全域
出現期：1月｜2月｜3月｜4月｜5月｜6月｜7月｜8月｜9月｜10月｜11月｜12月

平地から山地まで、極めて普通。色彩は濃厚なものから淡い褐色まで変異がある。幼虫の食草は各種の木からダイコンなどの草まで多岐にわたる。灯火にも飛来する。

## ブドウスカシクロバ　マダラガ科

開　張：29〜31 mm
分　布：平地｜山地｜全域
出現期：1月｜2月｜3月｜4月｜5月｜6月｜7月｜8月｜9月｜10月｜11月｜12月

昼間に各種の花上で見られるが、あまり多くない。翅は翅脈以外は半透明で、体は瑠璃色光沢がある。幼虫の食草はブドウ、エビヅル、ノブドウなどのブドウ科植物。

## ホタルガ　マダラガ科

開　張：45〜60 mm
分　布：平地｜山地｜全域
出現期：1月｜2月｜3月｜4月｜5月｜6月｜7月｜8月｜9月｜10月｜11月｜12月

極めて普通で、昼間フラフラと飛ぶ姿がよく見られる。黒と赤の配色は鳥に対する警告色で、成虫、幼虫ともに嫌な臭いを出す。幼虫の食草はヒサカキ、マサキなど。

## シロシタホタルガ　マダラガ科

開　張：50〜55 mm
分　布：平地｜山地｜全域
出現期：1月｜2月｜3月｜4月｜5月｜6月｜7月｜8月｜9月｜10月｜11月｜12月

前種よりもやや山地性で、昼間活動するが、灯火にも飛来する。前翅の白帯の位置は中央近くにあり、前種との区別は容易である。幼虫はサワフタギの葉を食べる。

## キスジホソマダラ　マダラガ科

開　張：24～26 mm
分　布：平地｜山地｜**全域**
出現期：1月｜2月｜3月｜4月｜**5月**｜**6月**｜**7月**｜**8月**｜9月｜10月｜11月｜12月

各地に普通で、昼間活動し、ウツギやノアザミなどの花に好んで集まる。体は藍色の光沢があり、翅の斑紋は黄土色。幼虫の食草はササやススキなどのイネ科植物。

## ヒメアトスカシバ　スカシバガ科

開　張：25～30 mm
分　布：平地｜山地｜**全域**
出現期：1月｜2月｜3月｜4月｜5月｜**6月**｜**7月**｜**8月**｜**9月**｜10月｜11月｜12月

各地に普通で、昼間活動し、道端の草の上で見られる。体は黒色で黄色の帯がある。前翅は黒色、後翅は透明で外縁部と脈が暗褐色。幼虫の食草はヘクソカズラ。

## コスカシバ　スカシバガ科

開　張：20～32 mm
分　布：平地｜山地｜**全域**
出現期：1月｜2月｜3月｜4月｜**5月**｜**6月**｜**7月**｜**8月**｜**9月**｜**10月**｜11月｜12月

各地に普通に見られる。体は黒色、黄色の帯があり、前種と同様ハチに擬態している。翅は大部分が透明。幼虫の食草はサクラ、モモ、ウメなどのバラ科植物。

## ボクトウガ　ボクトウガ科

開　張：34～80 mm
分　布：平地｜山地｜**全域**
出現期：1月｜2月｜3月｜4月｜5月｜**6月**｜**7月**｜**8月**｜**9月**｜10月｜11月｜12月

大型の蛾で、成虫には口吻がない。夜行性で灯火に飛来する。幼虫の食草はコナラやクヌギ。幼虫は樹幹を食害することにより樹液を出し、集まるほかの昆虫を捕食する。

## ゴマフボクトウ　ボクトウガ科

開　張：40～70 ㎜

分　布：平地｜山地｜**全域**

出現期：1月｜2月｜3月｜4月｜5月｜6月｜**7月**｜**8月**｜**9月**｜10月｜11月｜12月

各地に普通であるが、夜行性のため灯火に飛来したものを見ることが多い。幼虫はクヌギ、コナラ、リンゴなどの樹木の材部を食害する。前種同様成虫には口吻がない。

## ビロードハマキ　ハマキガ科

開　張：34～59 ㎜

分　布：平地｜山地｜**全域**

出現期：1月｜2月｜3月｜4月｜5月｜**6月**｜**7月**｜**8月**｜**9月**｜**10月**｜11月｜12月

元来は近畿以西に生息していた美しい蛾。近年分布の北上が著しい。昼行性で日中に飛翔するのを見かけるが、灯火にも飛来する。幼虫の食草はカエデ、ツバキなど。

## アトキハマキ　ハマキガ科

開　張：19～31 ㎜

分　布：平地｜山地｜**全域**

出現期：1月｜2月｜3月｜4月｜**5月**｜**6月**｜**7月**｜**8月**｜**9月**｜10月｜11月｜12月

昼間活動する蛾で、道端などの草の上に静止しているのを見ることが多い。幼虫の食草はコナラやクヌギ。幼虫の食草はリンゴ、カエデ、フタリシズカ、ドクダミなど。

## チャハマキ　ハマキガ科

開　張：19～37 ㎜

分　布：平地｜山地｜**全域**

出現期：1月｜2月｜3月｜**4月**｜**5月**｜**6月**｜**7月**｜**8月**｜**9月**｜**10月**｜11月｜12月

本州から中国、東南アジア、インド、オーストラリアまで分布し、チャ、コーヒーの害虫として知られる。日本ではほとんど総ての広葉樹を食べる。灯火に飛来する。

## オオギンスジハマキ　ハマキガ科

開　張：17～25 ㎜

分　布：平地｜山地｜**全域**

出現期：1月｜2月｜3月｜4月｜**5月**｜**6月**｜7月｜8月｜9月｜10月｜11月｜12月

北方系の蛾で、オスは小型の固体が多い。幼虫の食草はリンゴ、サクラ、ナシなど。特に東北地方では春にリンゴの樹に幼虫が多数つき、嫌われている害虫の一種。

## マダラニジュウシトリバ　ニジュウシトリバガ科

[O]

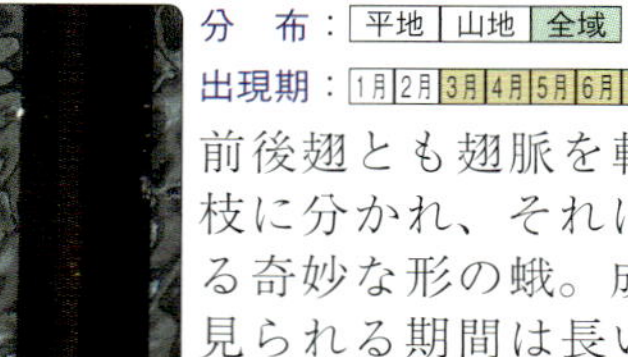

開　張：15～17 ㎜

分　布：平地 山地 **全域**

出現期：1月 2月 **3月 4月 5月 6月 7月 8月 9月 10月** 11月 12月

前後翅とも翅脈を軸にして６本の枝に分かれ、それに長毛が列生する奇妙な形の蛾。成虫越冬のため見られる期間は長い。灯火にも飛来する。幼虫の食草はスイカズラ。

## ニホンセセリモドキ　セセリモドキガ科

[Ss]

開　張：32～36 ㎜

分　布：平地 **山地** 全域

出現期：1月 2月 **3月 4月** 5月 6月 7月 8月 9月 10月 11月 12月

蝶のミヤマセセリに似た蛾。名とは逆にミヤマセセリのほうが本種に擬態しているという説もある。幼虫の食草はシソ科のムラサキシキブ属。

## マドガ　マドガ科

[O]

開　張：14～17 ㎜

分　布：平地 **山地** 全域

出現期：1月 2月 3月 4月 **5月 6月 7月 8月** 9月 10月 11月 12月

やや山地性の蛾で、生息地では極めて普通。昼間活動し、各種の花に集まるほか、道路の水溜りなどでも見られる。幼虫はボタンヅルを食べ、カメムシに似た悪臭を出す。

## ウスベニトガリメイガ　メイガ科

[O]

開　張：17～19 ㎜

分　布：平地 山地 **全域**

出現期：1月 2月 3月 4月 **5月 6月 7月 8月 9月 10月** 11月 12月

平地から山地まで分布し、夜間灯火に飛来したのを見ることが多い。静止するときは体と翅を立てる独特の姿勢をとる。オスやメスで個体変異が激しい。幼虫の食草は不明。

## ウスムラサキノメイガ　メイガ科

[O]

開　張：16～22 ㎜

分　布：平地 **山地** 全域

出現期：1月 2月 3月 4月 **5月 6月 7月** 8月 9月 10月 11月 12月

やや山地性で、林縁の草地などで見られる。昼間は葉の裏側に静止しているので撮影は難しい。夜間灯火に飛来する。幼虫の食草はクマシデ、クリ、コナラ、クヌギ。

## クロスジノメイガ　ツトガ科

[O]

開　張：26 ～ 32 mm

分　布：平地｜山地｜全域

出現期：1月｜2月｜3月｜4月｜5月｜6月｜7月｜8月｜9月｜10月｜11月｜12月

橙褐色地に黒条の入る美しい蛾。草地などで普通に見られ、夜間灯火にも飛来する。昼間は歩行中に飛び出したのを見ることが多い。食草はキブシ、ヤマボウシなど。

## オオキノメイガ　ツトガ科

[O]

開　張：42 ～ 45 mm

分　布：平地｜山地｜全域

出現期：1月｜2月｜3月｜4月｜5月｜6月｜7月｜8月｜9月｜10月｜11月｜12月

この仲間としては大きな種で、各地で普通に見られる。本種も夜間灯火に飛来したのを見ることのほうが多い。幼虫の食草はポプラ、ネコヤナギ。成虫で越冬する。

## クロスジキンノメイガ　ツトガ科

[O]

開　張：25 ～ 32 mm

分　布：平地｜山地｜全域

出現期：1月｜2月｜3月｜4月｜5月｜6月｜7月｜8月｜9月｜10月｜11月｜12月

林縁や草地などで普通に見られ、夜間灯火に飛来する。翅の外縁が黒く縁取られることから、別名をヘリグロキンノメイガという。幼虫の食草はヌルデ、クヌギなど。

## シロアヤヒメノメイガ　ツトガ科

[O]

開　張：20 ～ 24 mm

分　布：平地｜山地｜全域

出現期：1月｜2月｜3月｜4月｜5月｜6月｜7月｜8月｜9月｜10月｜11月｜12月

平地からやや山地まで、草地などに普通で、昼間見ることが多いが、夜間灯火にも飛来する。翅の斑紋には変異が多い。幼虫の食草はオオバコ、コウゾリナなど。

## キオビトビノメイガ　ツトガ科

[O]

開　張：13 ～ 16 mm

分　布：平地｜山地｜全域

出現期：1月｜2月｜3月｜4月｜5月｜6月｜7月｜8月｜9月｜10月｜11月｜12月

小型ながら美しい蛾で、やや山地の草地などで多く見られる。各種の花に集まるほか、路上の水溜りにも集まる。昼行性であるが、夜間、灯火にも飛来する。食草は不明。

## シンジュサン　ヤママユガ科

開　張：110～140㎜

分　布：平地｜山地｜全域

出現期：1月｜2月｜3月｜4月｜5月｜6月｜7月｜8月｜9月｜10月｜11月｜12月

[Ss]

この仲間ではヤママユガに次ぐ大きな蛾。日本、朝鮮半島、中国、インド北部に分布する。成虫は寒冷地では年１回、温暖地では年２回発生する。温暖地での１化期は５～６月、２化期は８～９月である。本種の腹部はオリーブ色がかった褐色で、白色の毛塊列がある。絹を取るために輸入、飼育されているヒマサンまたはエリサンと呼ばれる別亜種は腹部が白いことで区別される。幼虫の食草はシンジュ（ニワウルシ）、ニガキ、キハダ、柑橘類、ナンキンハゼ、ヌルデ、クサギ、ゴンズイ、ネズミモチ、モクセイ、エゴノキ、クルミ、アオギリ、キリ、クスノキ、エノキ、リンゴ、ナシなど多岐にわたり、かなり雑食である。終令幼虫は体長50㎜以上になり、頭部は黄色、胴部は黄緑色に白粉を装い、各腹節に棘状の突起を有する。蛹で越冬し、成虫は夜間、灯火に飛来する。

## ヤママユ　ヤママユガ科

開　張：115 ～ 150 ㎜　準絶

分　布：平地｜山地｜全域

出現期：1月｜2月｜3月｜4月｜5月｜6月｜7月｜8月｜9月｜10月｜11月｜12月

[Ss]

日本を代表する蛾で、ヤママユガ、テンサンとも呼ばれる。色彩には変異が多く、黄色で外縁部が赤褐色のもの、一様に赤褐色のもの、暗褐色のものなどがある。幼虫はクヌギ、コナラ、クリ、カシワなどのブナ科の植物を食べ、終令では 80 ㎜に達する。成虫は夜間、灯火に飛来する。

## クスサン　ヤママユガ科

開　張：100 ～ 130 ㎜

分　布：平地｜山地｜全域

出現期：1月｜2月｜3月｜4月｜5月｜6月｜7月｜8月｜9月｜10月｜11月｜12月

[No]

翅の色は灰色を帯びたものや赤褐色のものなど、変異が多い。幼虫はクリ、サクラ、ケヤキなどを食べ、終令になると体長 80 ㎜に達し、シラガタロウやクリケムシと呼ばれる。クリの大害虫で、ときに木を丸坊主にすることがある。繭は中の蛹が見えることからスカシダワラと呼ばれる。

## ヒメヤママユ　ヤママユガ科

[Ss]

開　張：85～105 ㎜

分　布：平地｜山地｜**全域**

出現期：1月｜2月｜3月｜4月｜5月｜6月｜7月｜8月｜**9月**｜**10月**｜**11月**｜12月

色彩は茶褐色から黄褐色まで変異がある。オスの触角は羽毛状、メスの触角は両櫛歯状。これはほかのヤママユガ科の種も同様である。幼虫はサクラ、ウメ、ガマズミ、クヌギ、ミズキなどを食べ、体は黄緑色をしており、背面は水色の毛が密生し、終令になると 60 ㎜に達する。成虫は夜間灯火に飛来する。

## ウスタビガ　ヤママユガ科

[Ko]

開　張：75～110 ㎜

分　布：平地｜山地｜**全域**

出現期：1月｜2月｜3月｜4月｜5月｜6月｜7月｜8月｜**9月**｜**10月**｜**11月**｜12月

俗称をツリカマス、ヤマカマスなどという。オスの翅の色は黄褐色から橙褐色で、メスの翅は黄色。幼虫はクヌギ、コナラ、ケヤキなどを食べ、終令になると体長は約 60 ㎜、体に触れるとキーキーと音を出す。初夏に樹上の細枝に造られた鮮緑色の繭は、秋に成虫が羽化した後も残り、冬枯れの林でよく目立つ。

## オオミズアオ　ヤママユガ科

[O]

開　張：80～120 ㎜

分　布：平地｜山地｜**全域**

出現期：1月｜2月｜3月｜**4月**｜**5月**｜**6月**｜**7月**｜**8月**｜9月｜10月｜11月｜12月

美しい蛾であり、出合いには嬉しいものがある。色彩は青白色から黄色みがかったものまで変異がある。幼虫はバラ科、ブナ科、カバノキ科、ミズキ科の植物を食べ、体は黄緑色、終令では 50 ㎜になる。成虫が夜間、灯火に飛来し、飛び回る姿はさながら月からの使者のようで、英名のムーンモスがよく似合う。

## オナガミズアオ　ヤママユガ科

開　張：80～100㎜

準絶

分　布：平地｜山地｜全域

出現期：1月｜2月｜3月｜4月｜5月｜6月｜7月｜8月｜9月｜10月｜11月｜12月

[Ha]

前種に似るが、前翅頂は本種のほうが尖り、外横線（翅の中央にある主要な横線のうち外側のもの）は波状をなさず、外縁と平行することで区別する。尾状突起はやや直線的だが、前種より長いとは限らない。幼虫の食草はハンノキ、ヤシャブシ。成虫は灯火に飛来するが、前種より少ない。

## エゾヨツメ　ヤママユガ科

開　張：70～100㎜

分　布：平地｜山地｜全域

出現期：1月｜2月｜3月｜4月｜5月｜6月｜7月｜8月｜9月｜10月｜11月｜12月

[Ss]
[So]

北方系の蛾で、北海道では普通だが、本州では山地性。色彩はオスは茶褐色、メスは淡褐色。翅の中央にある紋は前翅では黒色、後翅では紫藍色で黒輪があり、ともに中心に白線がある。幼虫はカバノキ、ハンノキ、ブナ、クリ、コナラ、カシワなどを食べる。成虫は日没後すぐ灯火に飛来する。

## イボタガ　イボタガ科

開　張：80～115㎜

分　布：平地 山地 **全域**

出現期：1月 2月 **3月** **4月** 5月 6月 7月 8月 9月 10月 11月 12月

早春に現れる大型の蛾。翅は灰褐色で多数の黒褐色の波状線がある。前翅中央に黒褐色の小環が散在し、後縁には大環紋がある。幼虫の食草はイボタノキ、モクセイ、トネリコ、マルバアオダモ、ネズミモチ、ヒイラギなど。成虫は夜間、灯火に飛来するが、数は多くなく見る機会は少ない。

## フトオビホソバスズメ　スズメガ科

開　張：80～100㎜

分　布：平地 **山地** 全域

出現期：1月 2月 3月 4月 **5月** **6月** **7月** 8月 9月 10月 11月 12月

初夏から現れる大型のスズメガ。体、前翅は灰褐色で、前翅には緑褐色の広帯がある。後翅の色は灰橙色。幼虫の食草はクマシデ。成虫は夜間、灯火に飛来する。

## モンホソバスズメ　スズメガ科

開　張：90～100㎜

分　布：平地 山地 **全域**

出現期：1月 2月 3月 4月 **5月** **6月** **7月** **8月** 9月 10月 11月 12月

前種同様初夏から現れるがあまり多くない。ホソバスズメに酷似するが、前翅は灰色を帯び、各横線はより明瞭。食草はオニグルミ、サワグルミ。夜間、灯火に飛来する。

## モモスズメ　スズメガ科

開　張：70 ～ 90 mm
分　布：平地｜山地｜**全域**
出現期：1月｜2月｜3月｜4月｜**5月**｜**6月**｜**7月**｜**8月**｜**9月**｜10月｜11月｜12月

[O]

春から現れ灯火に飛来する普通種。体、前翅は暗褐色、外縁部は黒色。後翅は大部分紅色。幼虫はモモ、ウメ、サクラ、ビワ、ヤマブキなどのバラ科植物を食べる。

## ヒサゴスズメ　スズメガ科

開　張：60 ～ 85 mm
分　布：平地｜**山地**｜全域
出現期：1月｜2月｜3月｜4月｜**5月**｜**6月**｜**7月**｜8月｜9月｜10月｜11月｜12月

[O]

初夏から山地に現れる中型のスズメガで、数は少ない。淡褐色と茶褐色の入り混じった模様が特徴。幼虫の食草はヤシャブシ、ヤマハンノキ。成虫は灯火に飛来する。

## エビガラスズメ　スズメガ科

開　張：80 ～ 105 mm
分　布：平地｜山地｜**全域**
出現期：1月｜2月｜3月｜4月｜**5月**｜**6月**｜**7月**｜**8月**｜**9月**｜**10月**｜**11月**｜12月

[Ss]

初夏から秋まで長い間見られる。前翅は灰褐色で、斑紋や横線に様々な変異がある。幼虫はヒルガオ科の植物などを食べ、特にサツマイモの害虫として知られている。

## クロメンガタスズメ　スズメガ科

開　張：100 ～ 125 mm
分　布：平地｜山地｜**全域**
出現期：1月｜2月｜3月｜4月｜5月｜**6月**｜**7月**｜**8月**｜**9月**｜**10月**｜11月｜12月

[O]

元来九州以南に生息していた蛾で、近年分布を北へ拡大している。メンガタスズメとともに胸部背面の人面模様が特徴。幼虫はゴマ、ナス、ジャガイモなどを食べる。

## シモフリスズメ　スズメガ科

開　張：110～130 mm
分　布：平地｜山地｜**全域**
出現期：1月｜2月｜3月｜4月｜5月｜**6月**｜**7月**｜**8月**｜**9月**｜10月｜11月｜12月

体と前翅は暗灰色で、黒線がある。オオシモフリスズメに次ぐ大型のスズメガ。幼虫の食草はゴマ、キリ、イボタノキ、ガマズミ、クサギなど。成虫は灯火に飛来する。

## サザナミスズメ　スズメガ科

開　張：50～80 mm
分　布：平地｜山地｜**全域**
出現期：1月｜2月｜3月｜4月｜**5月**｜**6月**｜**7月**｜**8月**｜**9月**｜10月｜11月｜12月

各地に普通の中型のスズメガ。春から秋にかけて２回出現し夜間、灯火に飛来する。幼虫の食草はモクセイ、イボタノキ、トネリコ、ネズミモチ、ヒイラギなど。

## オオスカシバ　スズメガ科

開　張：50～70 mm
分　布：平地｜山地｜**全域**
出現期：1月｜2月｜3月｜4月｜5月｜**6月**｜**7月**｜**8月**｜**9月**｜10月｜11月｜12月

体と翅の前・後縁は黄緑色。腹部には濃褐色の帯がある。昼間活発に飛び回り、翅が透明なので蜂と間違えられる。食草はクチナシ。クチナシにいるアオムシは本種の幼虫。

## ホシヒメホウジャク　スズメガ科

開　張：35～40 mm
分　布：平地｜山地｜**全域**
出現期：1月｜2月｜**3月**｜**4月**｜**5月**｜**6月**｜**7月**｜**8月**｜**9月**｜**10月**｜**11月**｜12月

日本のスズメガの中の最小種。蛹または成虫で越冬するので、冬でも見ることはあるが、多いのは６～９月で各種の花に吸蜜に飛来する。幼虫の食草はヘクソカズラ。

## ヒメクロホウジャク　スズメガ科

開　張：39 ～ 41 ㎜
分　布：平地｜山地｜全域
出現期：1月｜2月｜3月｜4月｜5月｜6月｜7月｜8月｜9月｜10月｜11月｜12月

[Ko]

頭、胸、腹部前半は黄緑色でほかは黒褐色。腹側基部に橙色の紋、尾端近くに白線がある。前翅中央寄りにある線と帯は黒褐色。幼虫の食草はヘクソカズラ、アケビなど。

## ホシホウジャク　スズメガ科

開　張：40 ～ 50 ㎜
分　布：平地｜山地｜全域
出現期：1月｜2月｜3月｜4月｜5月｜6月｜7月｜8月｜9月｜10月｜11月｜12月

[O]

前2種とよく似ているが、本種は前翅基部寄りに黒褐色の帯、腹側部に2対の橙黄色の紋があることで区別する。昼間各種の花に飛来する。幼虫の食草はヘクソカズラ。

## ベニスズメ　スズメガ科

開　張：55 ～ 65 ㎜
分　布：平地｜山地｜全域
出現期：1月｜2月｜3月｜4月｜5月｜6月｜7月｜8月｜9月｜10月｜11月｜12月

[Ss]

体、前翅は緑黄褐色地に、紅色の帯が入る美しい蛾。幼虫の食草はツリフネソウ、ホウセンカ、ミソハギ。各地に普通で、成虫は各種の花、樹液、灯火に飛来する。

## コスズメ　スズメガ科

開　張：55 ～ 70 ㎜
分　布：平地｜山地｜全域
出現期：1月｜2月｜3月｜4月｜5月｜6月｜7月｜8月｜9月｜10月｜11月｜12月

[O]

体は緑褐色で、腹側は橙黄色。背に暗色の縦条がある。成虫は夕刻より花に飛来する。また、灯火にもよく飛来する。食草はノブドウ、ツタなど。最も普通のスズメガ。

## キイロスズメ　スズメガ科

開　張：80～105 mm
分　布：平地 山地 **全域**
出現期：1月 2月 3月 4月 **5月 6月 7月 8月 9月** 10月 11月 12月

[O]

体は緑褐色で、橙黄色の縦帯がある。前翅は緑褐色で中央が白い。幼虫の食草はヤマノイモ、オニドコロ、カラスビシャクなど。各地に普通で、夜間、灯火に飛来する。

## イカリモンガ　イカリモンガ科

開　張：34～36 mm
分　布：平地 山地 **全域**
出現期：1月 2月 3月 **4月 5月 6月 7月 8月 9月 10月** 11月 12月

[Hi]

地色は濃褐色で前翅表面には橙赤色の錨形の紋がある。昼間活動し、翅を背上に立てて止まるので、蝶のように見える。幼虫の食草はイノデ。成虫で越冬する。

## アゲハモドキ　アゲハモドキガ科

開　張：55～60 mm
分　布：平地 山地 **全域**
出現期：1月 2月 3月 4月 5月 **6月 7月 8月** 9月 10月 11月 12月

[Ko]

翅は灰黒色で、翅脈と尾状突起は黒色、後翅外縁には紅色紋がある。昼行性だが灯火にも飛来する。幼虫の食草はミズキ。有毒のジャコウアゲハに擬態している。

## キンモンガ　アゲハモドキガ科

開　張：32～39 mm
分　布：平地 **山地** 全域
出現期：1月 2月 3月 4月 5月 **6月 7月 8月** 9月 10月 11月 12月

[O]

地色は黒褐色で、翅に黄色の模様がある。山地に多く、昼行性で花に集まるため、よく蝶に間違えられる。実際、蛾よりは蝶という印象の方が強い。幼虫の食草はリョウブ。

## ギンモンカギバ　カギバガ科

[O]

開　張：22～40 mm

分　布：平地｜山地｜全域

出現期：1月｜2月｜3月｜4月｜5月｜6月｜7月｜8月｜9月｜10月｜11月｜12月

地色は淡黄褐色で、前翅中央に暗褐色の横脈紋がある。翅脈や横脈紋の中、外横線沿いには銀色の鱗粉がある。幼虫の食草はヌルデ。成虫は夜間、灯火に飛来する。

## オオカギバ　カギバガ科

[O]

開　張：22～40 mm

分　布：平地｜山地｜全域

出現期：1月｜2月｜3月｜4月｜5月｜6月｜7月｜8月｜9月｜10月｜11月｜12月

大型のカギバで、翅は白地に灰色の模様がある。ほかに似たものがないので、区別は容易である。幼虫の食草はウリノキ。昼間見ることが多いが、灯火にも飛来する。

## ヤマトカギバ　カギバガ科

[O]

開　張：25～37 mm

分　布：平地｜山地｜全域

出現期：1月｜2月｜3月｜4月｜5月｜6月｜7月｜8月｜9月｜10月｜11月｜12月

色彩は黄褐色から褐色まで、変異があり、２本の明瞭な褐色の横線がある。静止している姿は枯葉に見える。幼虫の食草はクヌギ、コナラ、クリ。灯火にも飛来する。

## ウスイロカギバ　カギバガ科

[O]

開　張：22～40 mm

分　布：平地｜山地｜全域

出現期：1月｜2月｜3月｜4月｜5月｜6月｜7月｜8月｜9月｜10月｜11月｜12月

ギンモンカギバに酷似するが、通常前翅中央の横脈紋がない。以前は同一種とされていたことがあった。幼虫の食草はヤマウルシ、ツタウルシ。成虫は灯火に飛来する。

## ヒトツメカギバ　カギバガ科

[O]

開　張：30～45 mm

分　布：平地｜山地｜全域

出現期：1月｜2月｜3月｜4月｜5月｜6月｜7月｜8月｜9月｜10月｜11月｜12月

色彩はほぼ白色で、前翅中央部に黄褐色の紋がある。後翅には灰色の紋が２列に並んでいる。幼虫の食草はミズキ。昼間、林縁の草の上にいるのを見ることが多い。

## クロホシフタオ　ツバメガ科

開　張：16 ～ 25 ㎜
分　布：平地｜山地｜全域
出現期：1月｜2月｜3月｜4月｜5月｜6月｜7月｜8月｜9月｜10月｜11月｜12月

[O]

地色は淡褐色で、黒褐色の線と紋がある。山地、平地で普通に見られる。後翅の形に特徴があり、以前はフタオガ科に分類されていた。幼虫の食草はガマズミなど。

## ギンツバメ　ツバメガ科

開　張：25 ～ 29 ㎜
分　布：平地｜山地｜全域
出現期：1月｜2月｜3月｜4月｜5月｜6月｜7月｜8月｜9月｜10月｜11月｜12月

[O]

色彩は白色で、多数の灰色の横線がある。昼間飛んでいるのを見ることがあるが、灯火にも飛来する。幼虫の食草はガガイモ、オオカモメヅルほか、ガガイモ科の植物。

## ユウマダラエダシャク　シャクガ科

開　張：34 ～ 51 ㎜
分　布：平地｜山地｜全域
出現期：1月｜2月｜3月｜4月｜5月｜6月｜7月｜8月｜9月｜10月｜11月｜12月

[O]

翅は白色で、斑紋は暗灰色。前翅の基部と前後翅の後角部は褐色。昼間弱々しく飛ぶが、夜間、灯火にも飛来する。幼虫の食草は生垣として植えられているマサキ。

## ヒメマダラエダシャク　シャクガ科

開　張：26 ～ 36 ㎜
分　布：平地｜山地｜全域
出現期：1月｜2月｜3月｜4月｜5月｜6月｜7月｜8月｜9月｜10月｜11月｜12月

[O]

前種によく似るが、前翅中央部にある灰色斑の中に黒環があるのが本種。幼虫の食草はツルウメモドキ、クロヅルなど。各地に普通で、成虫は夜間、灯火に飛来する。

## フタホシシロエダシャク　シャクガ科

[O]

開　張：23～24 mm

分　布：平地｜山地｜全域

出現期：1月｜2月｜3月｜4月｜5月｜6月｜7月｜8月｜9月｜10月｜11月｜12月

色彩は全体に白色で、前翅の前縁には黒点が二つある。平地や浅い山地に極めて多産し、昼間草の上でよく見かける。幼虫の食草はソメイヨシノほか、バラ科の植物。

## クロズウスキエダシャク　シャクガ科

[O]

開　張：19～25 mm

分　布：平地｜山地｜全域

出現期：1月｜2月｜3月｜4月｜5月｜6月｜7月｜8月｜9月｜10月｜11月｜12月

翅は白色で、褐色の斑紋と内・外横線がある。個体によっては内横線が消失するものもある。浅い山で多く見かける。幼虫の食草はミズナラ、クヌギ、ナナカマドなど。

## ヤマトエダシャク　シャクガ科

[O]

開　張：29～38 mm

分　布：平地｜山地｜全域

出現期：1月｜2月｜3月｜4月｜5月｜6月｜7月｜8月｜9月｜10月｜11月｜12月

前後翅とも地色は暗灰褐色。後翅外半は黄褐色。浅い山に多い普通種。幼虫の食草はウラジロガシ。関東以南の蛾であったが、現在では分布域の北上も考えられる。

## クロハグルマエダシャク　シャクガ科

[O]

開　張：24～30 mm

分　布：平地｜山地｜全域

出現期：1月｜2月｜3月｜4月｜5月｜6月｜7月｜8月｜9月｜10月｜11月｜12月

色彩は黄褐色か赤褐色。鋸歯状の帯（外横線）と斑紋があるが、個体変異が多い。食草はモチノキ、イヌツゲ。夜間、灯火に飛来する。似た種にハグルマエダシャクがある。

## シャンハイオエダシャク　シャクガ科

[O]

開　張：21～25 mm

分　布：平地｜山地｜全域

出現期：1月｜2月｜3月｜4月｜5月｜6月｜7月｜8月｜9月｜10月｜11月｜12月

翅は灰白色で、黒灰色の帯がある。地色が黄色がかった個体は、帯が不明瞭になる。初夏から秋にかけて見られるが、あまり多くない。食草はポプラ、ヤナギなど。

## ツマジロエダシャク　シャクガ科

開　張：33～40㎜
分　布：平地｜山地｜全域
出現期：1月｜2月｜3月｜4月｜5月｜6月｜7月｜8月｜9月｜10月｜11月｜12月

前後翅とも地色は淡灰褐色。翅の模様は地色より濃い程度のものから黒褐色まで変異がある。静止するときの翅の開き方が独特で印象深い。幼虫の食草はクスノキ。

## ウメエダシャク　シャクガ科

開　張：35～45㎜
分　布：平地｜山地｜全域
出現期：1月｜2月｜3月｜4月｜5月｜6月｜7月｜8月｜9月｜10月｜11月｜12月

体と翅は黒色で、体には黄帯、翅には白斑がある。成虫は初夏に現れ、昼間飛翔する。幼虫はウメ、モモ、ナシなどを食害。各地に多産し、ときに梅林などで大発生する。

## ヒロオビトンボエダシャク　シャクガ科

開　張：48～58㎜
分　布：平地｜山地｜全域
出現期：1月｜2月｜3月｜4月｜5月｜6月｜7月｜8月｜9月｜10月｜11月｜12月

よく似たトンボエダシャクとの違いは、腹部の黒紋が小さく、翅の白帯が広いこと。トンボエダシャクは黒紋が大きく、白帯が細い。幼虫の食草はツルウメモドキ。

## ゴマダラシロエダシャク　シャクガ科

開　張：52～55㎜
分　布：平地｜山地｜全域
出現期：1月｜2月｜3月｜4月｜5月｜6月｜7月｜8月｜9月｜10月｜11月｜12月

体、翅とも地色は白色で、黒紋があるが、その大きさや形には変異がある。食草はアオモジ、ダンコウバイなど。山地に多く、成虫は春から現れ、灯火に飛来する。

## クロフシロエダシャク　シャクガ科

開　張：39～43㎜
分　布：平地｜山地｜全域
出現期：1月｜2月｜3月｜4月｜5月｜6月｜7月｜8月｜9月｜10月｜11月｜12月

似たものが多い種だが、本種の特徴は体の地色が橙黄色であること。他種は胸部や腹部が白いので区別できる。極めて普通で、灯火に飛来するが、幼虫の食草は不明。

## キシタエダシャク　シャクガ科

開　張：34 ～ 44 ㎜

分　布：平地｜山地｜**全域**

出現期：1月｜2月｜3月｜4月｜5月｜**6月**｜**7月**｜8月｜9月｜10月｜11月｜12月

前種に似て体の地色は橙黄色であるが、本種は後翅全体の地色が橙黄色。沿岸部から山地まで生息し、特に山地に多い。幼虫の食草はアセビ、ヤマツツジなど。

## ヒョウモンエダシャク　シャクガ科

開　張：41 ～ 50 ㎜

分　布：平地｜山地｜**全域**

出現期：1月｜2月｜3月｜4月｜5月｜**6月**｜**7月**｜8月｜9月｜10月｜11月｜12月

体、翅とも地色は白色で、黒紋がある。後翅は外半が黄色。食草はアセビ、レンゲツツジなど。平地、山地に極めて多く、成虫は初夏から現れ、灯火にも飛来する。

## シロテンエダシャク　シャクガ科

開　張：33 ～ 45 ㎜

分　布：平地｜山地｜**全域**

出現期：1月｜**2月**｜**3月**｜**4月**｜5月｜6月｜7月｜8月｜9月｜10月｜11月｜12月

色彩は一様に黒褐色で、横線は黒色。前、後翅ともに中央より外側に白紋があるが、明瞭ではない。食草はクリ、リンゴなど。成虫は早春に現れ、灯火に飛来する。

## オレクギエダシャク　シャクガ科

開　張：26 ～ 36 ㎜

分　布：平地｜山地｜**全域**

出現期：1月｜2月｜3月｜4月｜**5月**｜**6月**｜**7月**｜**8月**｜**9月**｜10月｜11月｜12月

色彩は灰色地に黒鱗を散布し、前、後翅の外縁近くに白線がある。似たものが多く、同定の難しい種の一つ。食草はコナラ、ソメイヨシノなど。灯火に飛来する。

## フタヤマエダシャク　シャクガ科

開　張：31 ～ 39 ㎜

分　布：平地｜山地｜**全域**

出現期：1月｜2月｜3月｜4月｜**5月**｜**6月**｜**7月**｜**8月**｜**9月**｜10月｜11月｜12月

体、翅とも地色は灰褐色で、前後翅とも赤みを帯びた褐色の部分がある。食草はアカマツ。この色は保護色のようで、写真のようにアカマツの幹にいると目立たない。

## オオバナミガタエダシャク　シャクガ科

[O]

開　張：42～66㎜
分　布：平地 山地 **全域**
出現期：1月 2月 3月 4月 5月 **6月 7月 8月 9月** 10月 11月 12月

年に2化する。夏から秋にかけてのものは小型。似た種が多く同定には注意が必要である。広食性で寄主植物はブナ科、ニレ科、バラ科、マメ科などが知られている。

## ウスバミスジエダシャク　シャクガ科

[O]

開　張：33～45㎜
分　布：平地 山地 **全域**
出現期：1月 2月 3月 4月 **5月 6月 7月 8月 9月** 10月 11月 12月

多化性の蛾で1化のものは大型。茨城県でも平地と山地では年に羽化する回数が違っていると思われる。前種の小型を本種と間違えることも多く同定には注意が必要。

## リンゴツノエダシャク　シャクガ科

[O]

開　張：40～60㎜
分　布：平地 山地 **全域**
出現期：1月 2月 3月 4月 **5月 6月 7月 8月 9月** 10月 11月 12月

リンゴの名がついているが、寄主植物はリンゴに限らず多くの広葉樹や針葉樹、草の仲間まで幼虫は食する。平地では年に2化、山地では年に1化である可能性がある。

## ヨモギエダシャク　シャクガ科

[O]

開　張：35～55㎜
分　布：平地 山地 **全域**
出現期：1月 2月 3月 **4月 5月 6月 7月 8月 9月 10月** 11月 12月

多化性の蛾である。和名の由来となったヨモギなどの草本も寄主植物であるが、多くの広葉樹やイチョウなどの裸子植物も食べる。野菜、果樹、花卉などの害虫でもある。

## セブトエダシャク　シャクガ科

[O]

開　張：♂35～46㎜　♀50～58㎜
分　布：平地 山地 **全域**
出現期：1月 2月 3月 **4月 5月 6月 7月 8月 9月** 10月 11月 12月

多化性の蛾である。個体変異が大きく翅が白く感じられるものから黒いものまでいるので同定には注意が必要。寄主植物はヤナギ科やバラ科などの広葉樹である。

## クロテンフユシャク　シャクガ科

[O]

開　張：♂25～31㎜・♀翅なし（体長約10㎜）
分　布：平地｜山地｜**全域**
出現期：**1月**｜**2月**｜3月｜4月｜5月｜6月｜7月｜8月｜9月｜10月｜**11月**｜**12月**

名前の通り、冬に現れるシャクガである。フユシャクの仲間は、オスは翅を持ち飛び回るがメスには羽がない。卵から孵化した1齢幼虫は糸を空中に飛ばし分散する。

## ホソバハラアカアオシャク　シャクガ科

[O]

開　張：16～22㎜
分　布：平地｜山地｜**全域**
出現期：1月｜2月｜3月｜4月｜**5月**｜**6月**｜7月｜**8月**｜**9月**｜10月｜11月｜12月

年に2化する普通種。寄主植物はイタドリやヤマハギ、コウゾ、ソメイヨシノ、モモなど広食性。よく似た種がいるが本種はそれらよりも一回り小さい。

## フタナミトビヒメシャク　シャクガ科

[O]

開　張：約22㎜
分　布：平地｜山地｜**全域**
出現期：1月｜2月｜3月｜4月｜**5月**｜**6月**｜**7月**｜**8月**｜**9月**｜10月｜11月｜12月

おそらく年に2化するものと考えられる。春に現れるものは斑紋がはっきりとしておりやや大型、夏に現れるものはやや小型で斑紋も薄くなる。広食性の蛾である。

## ウンモンオオシロヒメシャク　シャクガ科

[O]

開　張：約28㎜
分　布：平地｜山地｜**全域**
出現期：1月｜2月｜3月｜4月｜**5月**｜**6月**｜**7月**｜**8月**｜**9月**｜10月｜11月｜12月

年に2化しているものと思われ、第1化（春型）は第2化（夏型）よりやや大型である。前後翅の中央にある黒色の横脈点は明瞭、そのほかは水墨画のような黒紋になる。

## マエキヒメシャク　シャクガ科

[O]

開　張：18～27㎜
分　布：平地｜山地｜**全域**
出現期：1月｜2月｜3月｜4月｜**5月**｜6月｜**7月**｜**8月**｜9月｜10月｜11月｜12月

年2化で春に現れるものは夏に現れるものに比べてやや大型。どこにでもいる普通種。寄主植物はバラやリンゴ、スイカズラ、ヤナギ類、タンポポ類など多岐にわたる。

## アトスジグロナミシャク　シャクガ科

開　張：約27㎜

分　布：平地　山地　**全域**

出現期：1月 2月 3月 4月 **5月** **6月** 7月 8月 9月 10月 11月 12月

年１化、初夏に出現する。前後翅ともに暗褐色、前翅には、前縁部では黒色、その下は淡色の細い外横線が入る。寄主植物はヒノキ科のカイヅカイブキが知られている。

## シロオビクロナミシャク　シャクガ科

開　張：23～29㎜

分　布：平地　**山地**　全域

出現期：1月 2月 3月 4月 **5月** **6月** 7月 **8月** 9月 10月 11月 12月

年２化。山間の路傍の湿ったところで見ることが多い昼行性の蛾である。ときには吸水集団を作ることもある。よく似た種がほかにもいるので同定には注意を要する。

## ハコベナミシャク　シャクガ科

開　張：21～26㎜

分　布：平地　山地　**全域**

出現期：1月 2月 3月 4月 **5月** **6月** **7月** **8月** **9月** 10月 11月 12月

年２化。県内では全域に分布していると思われるが、低山地～山地に多く見られる。個体変異が著しく、黒いものから中間型を含め白いものまで見られる。

## ツマキシロナミシャク　シャクガ科

開　張：30～40㎜

分　布：平地　**山地**　全域

出現期：1月 2月 3月 4月 5月 **6月** **7月** 8月 9月 10月 11月 12月

年１化の普通種、幼虫はサルナシを食べる。似た種も県内には多く分布するが、その中でも白地にはっきりとした黒紋があり、外縁の黄色の縁取りが美しい蛾である。

## アミメナミシャク　シャクガ科

開　張：約25㎜

分　布：平地　**山地**　全域

出現期：1月 2月 3月 4月 5月 6月 **7月** 8月 9月 10月 11月 12月

斑紋のよく似た種に、ミヤマアミメナミシャク、キアミメエダシャクなどがいるが、本種は小さいことやオスの後翅にある紋などで区別できる。年１化の蛾である。

## ビロウドナミシャク　シャクガ科

開　張：♂35～38㎜・♀40～45㎜
分　布：平地｜山地｜全域
出現期：1月｜2月｜3月｜4月｜5月｜6月｜7月｜8月｜9月｜10月｜11月｜12月

前翅は黒地に濃淡の褐色の模様が入るシックな蛾。後翅は褐色地に淡い横線が入る。県内どこでも見られる普通種で、春から秋まで2～3回世代を繰り返す。

## ソトシロオビナミシャク　シャクガ科

開　張：17～23㎜
分　布：平地｜山地｜全域
出現期：1月｜2月｜3月｜4月｜5月｜6月｜7月｜8月｜9月｜10月｜11月｜12月

春から晩秋まで、年に2～3回発生する普通種。寄主植物はツツジ類やアラカシ、ヒサカキなど。前翅にある内外の横線は緑色を帯びるが変異が大きい。

## ナカジロナミシャク　シャクガ科

開　張：26～33㎜
分　布：平地｜山地｜全域
出現期：1月｜2月｜3月｜4月｜5月｜6月｜7月｜8月｜9月｜10月｜11月｜12月

地色の白が発達するものは、この種独特の模様が現れ同定は用意である。しかし、白地がまったく発達しないものもいるなど変異が大きい。年に2～3回発生する普通種。

## アオシャチホコ　シャチホコガ科

開　張：♂40～45㎜・♀約52㎜
分　布：平地｜山地｜全域
出現期：1月｜2月｜3月｜4月｜5月｜6月｜7月｜8月｜9月｜10月｜11月｜12月

年に2化する。幼虫はエゴノキを食する。よく似た種にオオアオシャチホコなどもいるが、翅表はくすんだ灰緑色、斑紋の発達は弱いことなどで区別できる。

## タッタカモクメシャチホコ　シャチホコガ科

開　張：♂65～72㎜・♀72～80㎜

分　布：平地 山地 全域

出現期：1月 2月 3月 4月 5月 6月 7月 8月 9月 10月 11月 12月

[Ha]

前翅の地色は純白で、黒いジグザクの内横線がある美しい種。シャチホコガでこのような種はほかにはいないため同定は容易。夜間観察会で飛来するとうれしくなる種。

## ナカグロモクメシャチホコ　シャチホコガ科

開　張：♂約36㎜・♀約44㎜

分　布：平地 山地 全域

出現期：1月 2月 3月 4月 5月 6月 7月 8月 9月 10月 11月 12月

[O]

各種のヤナギやポプラなどを食する。年に2～3回羽化する多化性の蛾で蛹は樹皮上の堅い繭の中に造られる。蛹越冬。よく似た種にホシナカグロシャチホコがいる。

## モンクロシャチホコ　シャチホコガ科

開　張：約50㎜

分　布：平地 山地 全域

出現期：1月 2月 3月 4月 5月 6月 7月 8月 9月 10月 11月 12月

[O]

クリーム色の地色で外縁に青みがかった黒斑のある翅の模様は、ほかに似たものはない。幼虫はシャチホコのような形で静止し、サクラ類を食べる。年1化の美しい蛾。

## オオエグリシャチホコ　シャチホコガ科

開　張：♂51～55㎜・♀66～70㎜

分　布：平地 山地 全域

出現期：1月 2月 3月 4月 5月 6月 7月 8月 9月 10月 11月 12月

[O]

年2化、翅形が独特で前翅後縁が大きくえぐれている。前翅の地色は薄茶色で特有の斑紋があり、後翅は地色が濃くなる。幼虫はフジやエニシダを食べる。

## ヒメシロモンドクガ　ドクガ科

開　張：♂約 28 ㎜・♀約 33㎜
分　布：平地 山地 全域
出現期：1月 2月 3月 4月 5月 6月 7月 8月 9月 10月 11月 12月

[O]

オスは昼間活発に活動するが､夜間､灯火にも飛来する。晩秋に出現するメスは羽が小さく飛べないものもいる。リンゴやサクラなどを食べる幼虫はコツノケムシともいう。

## マイマイガ　ドクガ科

開　張：♂約 48 ㎜・♀約 77㎜
分　布：平地 山地 全域
出現期：1月 2月 3月 4月 5月 6月 7月 8月 9月 10月 11月 12月

[O]

ヨーロッパから日本までいる広域分布種。昼行性の蛾で、オスは不規則に地上 2 ～ 3m くらいを円を描くように飛び回る。幼虫はブランコケムシとも呼ばれ､サクラなどを食べる。

## カシワマイマイ　ドクガ科

開　張：♂約 49 ㎜・♀約 82㎜
分　布：平地 山地 全域
出現期：1月 2月 3月 4月 5月 6月 7月 8月 9月 10月 11月 12月

[O]

オスは黄色型から暗化型まで変異に富む。メスは巨大で後翅が薄い桃色である。幼虫はコナラやサクラ、ケヤキなど広食性で、樹木の大害虫としても知られている。

## キマエクロホソバ　ヒトリガ科

開　張：33 ～ 41 ㎜
分　布：平地 山地 全域
出現期：1月 2月 3月 4月 5月 6月 7月 8月 9月 10月 11月 12月

[O]

コケガ亜科の蛾で苔類を食べると考えられるが観察されていない。似た種は多いが、特によく似た種のキベリネズミホソバとは本種では頭部が黒なので区別できる。

## ヨツボシホソバ　ヒトリガ科

開　張：40～48㎜
分　布：平地｜山地｜**全域**
出現期：1月｜2月｜3月｜4月｜5月｜**6月**｜**7月**｜**8月**｜**9月**｜10月｜11月｜12月

[O]

オスとメスで翅の模様がまったく異なる。写真はメス、オスは前翅基部が橙色、その外は黄灰色、前縁が青色となる。メスはマエグロホソバと酷似している。年１～２化。

## ベニヘリコケガ　ヒトリガ科

開　張：約26㎜
分　布：平地｜山地｜**全域**
出現期：1月｜2月｜3月｜4月｜**5月**｜**6月**｜**7月**｜**8月**｜**9月**｜10月｜11月｜12月

[O]

前翅の地色は黄、黒線と黒点が散らばり、前縁と外縁が橙赤色の美しい蛾である。しかし、似たようなコケガは茨城県内にもいるので同定には注意が必要。年２～３化する。

## ゴマダラキコケガ　ヒトリガ科

開　張：♂約26㎜・♀約32㎜
分　布：平地｜山地｜**全域**
出現期：1月｜2月｜3月｜4月｜5月｜**6月**｜**7月**｜**8月**｜**9月**｜10月｜11月｜12月

[O]

年２化。前翅は地色が黄、黒点列が３本ある。後翅は一様に薄い黄色で外縁前方に薄い黒点が二つ現れることが多い。県内どこにでも見られる普通種。

## フタスジヒトリ　ヒトリガ科

開　張：♂約50㎜・♀約60㎜
分　布：平地｜山地｜**全域**
出現期：1月｜2月｜3月｜4月｜5月｜**6月**｜**7月**｜8月｜9月｜10月｜11月｜12月

[O]

前翅に２本の太い黒帯があり、この黒帯は翅底でつながる。後翅には普通黒斑は入らない。ほかのヒトリガとは区別が容易。幼虫はクワを食べ、日本固有種だが普通種。

## カクモンヒトリ　ヒトリガ科

開　張：30 ～ 40 ㎜
分　布：平地 山地 **全域**
出現期：1月 2月 3月 4月 5月 **6月 7月 8月** 9月 10月 11月 12月

[O]

オスとメスで翅の地色が異なり、オスは淡黄色、メスは薄い。翅に黄褐色の紋列があるが、全体に広がるものからほぼなくなるものまで変異が大きい。年２化の普通種。

## クワゴマダラヒトリ　ヒトリガ科

開　張：♂約 41 ㎜・♀約 48㎜
分　布：平地 山地 **全域**
出現期：1月 2月 3月 4月 5月 6月 7月 8月 **9月** 10月 11月 12月

[O]

名の通りクワなどを食べる桑の害虫。幼虫は集団で巣を造り、「桑の巣虫」といわれる。年１化。メスオスで大きさや翅の地色が大きく異なり、オスは淡黒色。

## シロヒトリ　ヒトリガ科

開　張：60 ～ 78 ㎜
分　布：平地 山地 **全域**
出現期：1月 2月 3月 4月 5月 6月 **7月 8月 9月** 10月 11月 12月

[O]

翅は純白で無紋、腹部側面が赤色となる美しい大型の「火盗り蛾」。年１化、幼虫はギシギシやスイバ、イタドリ、タンポポ類などを食べる。県内どこにでもいる普通種。

## ベニシタヒトリ　ヒトリガ科

開　張：38 ～ 53 ㎜
分　布：平地 山地 **全域**
出現期：1月 2月 3月 4月 5月 **6月 7月 8月 9月** 10月 11月 12月

[O]

年２化の普通種。オスとメスでは色や大きさが大きく異なり、オスは小型で色が濃くなる。２化目のものは小型になる。幼虫はオオバコやタンポポ類を食べる。

## カノコガ　ヒトリガ科

開　張：30 ～ 37 ㎜
分　布：平地｜山地｜全域
出現期：1月｜2月｜3月｜4月｜5月｜6月｜7月｜8月｜9月｜10月｜11月｜12月

[O]

ハチに擬態している蛾。翅は地色が黒で鹿の子模様の半透明紋、腹部には２本の黄色帯がある。この黄色帯でキハダカノコとは区別できる。年２化、昼行性で草地に多い。

## サラサリンガ　コブガ科

開　張：31 ～ 36 ㎜
分　布：平地｜山地｜全域
出現期：1月｜2月｜3月｜4月｜5月｜6月｜7月｜8月｜9月｜10月｜11月｜12月

[O]

オスは夕方、薄暮時に群飛することがある。またチッチッと発音する。夜間灯火に集まるのは主にメスである。幼虫はクヌギなどのナラ類を食べ、集団で巣を造る。

## キノカワガ　コブガ科

開　張：38 ～ 40 ㎜
分　布：平地｜山地｜全域
出現期：1月｜2月｜3月｜4月｜5月｜6月｜7月｜8月｜9月｜10月｜11月｜12月

[O]

木の皮に擬態する蛾として有名。前翅の模様は明るいものから暗いものまで様々である。年２化、成虫で越冬し、越冬した蛾は春にも見られる。食樹はカキやサクラ類。

## クロオビリンガ　コブガ科

開　張：26 ～ 32 ㎜
分　布：平地｜山地｜全域
出現期：1月｜2月｜3月｜4月｜5月｜6月｜7月｜8月｜9月｜10月｜11月｜12月

[O]

今までクロオビリンガとされていたどこにでもいる普通種が２種からなることが分かった。分離されたアカオビリンガは小型、前翅がやや赤いなどで区別できる。

## アオスジアオリンガ　コブガ科

開　張：34 ～ 40 ㎜
分　布：平地 **山地** 全域
出現期：1月 2月 3月 4月 **5月 6月 7月 8月 9月** 10月 11月 12月

年２化。幼虫はブナやミズナラを食べる。夏型はヤマトアオリンガと呼ばれたこともある。似た種にアカスジアオリンガがいて、夏型はシロスジアオリンガと呼ばれた。

## ギンボシリンガ　コブガ科

開　張：約 26 ㎜
分　布：平地 山地 **全域**
出現期：1月 2月 3月 4月 **5月 6月 7月** 8月 9月 10月 11月 12月

幼虫はツツジ類を食べる。翅は地色が銀白色、オレンジ色の横線が入るとても美しい蛾。しかし、年間の発生回数など生態はいまだ未知な部分も多い蛾である。

## ハイイロリンガ　コブガ科

開　張：22 ～ 24 ㎜
分　布：平地 山地 **全域**
出現期：1月 2月 3月 4月 5月 **6月 7月 8月 9月** 10月 11月 12月

成虫で越冬するため晩秋や早春にも見られる。前翅の網目状の色彩や斑紋も黄色から銀白色まで変異が大きい。年に２化する。幼虫はヌルデなどを食べる。

## アミメリンガ　コブガ科

開　張：約 33 ㎜
分　布：平地 山地 **全域**
出現期：1月 2月 3月 4月 **5月 6月 7月 8月 9月** 10月 11月 12月

前翅の斑紋が特徴的な蛾。同定に困るような別種はいないが個体変異は著しく、中には斑紋がなくなってしまうものもいる。年に２化。幼虫はオニグルミを食べる。

## ゴマケンモン　ヤガ科

開　張：33 ～ 38 mm
分　布：平地｜山地｜**全域**
出現期：1月｜2月｜3月｜4月｜**5月**｜**6月**｜**7月**｜8月｜9月｜10月｜11月｜12月

[O]

前翅は地色が若緑色、横線や腎状紋は黒色で点のようになりゴマ粒のように見える。後翅は焦げ茶色で基部はやや淡色となる。幼虫はミズナラ、クリ、ブナなどを食べる。

## ツメクサガ　ヤガ科

開　張：32 ～ 38 mm
分　布：平地｜山地｜**全域**
出現期：1月｜2月｜3月｜4月｜5月｜**6月**｜**7月**｜**8月**｜**9月**｜10月｜11月｜12月

[O]

昼間も活動しムラサキツメクサなど各種の花に飛来する。また、灯火にも飛来する。幼虫はアマやウマゴヤシ、ダイズなど各種の草本類を食べ、花や実を好む。年２化。

## クロクモヤガ　ヤガ科

開　張：約 42 mm
分　布：平地｜山地｜**全域**
出現期：1月｜2月｜3月｜4月｜**5月**｜**6月**｜7月｜8月｜**9月**｜**10月**｜11月｜12月

[Ha]

夏に出現しないのは夏眠を行うからである。年１化、春に羽化し秋まで生き延びた蛾は産卵を行う。幼虫で越冬、オオバコやシロツメクサ、ギシギシなどを食べる多食性。

## カギモンヤガ　ヤガ科

開　張：36 ～ 40 mm
分　布：平地｜山地｜**全域**
出現期：1月｜2月｜**3月**｜**4月**｜5月｜6月｜7月｜8月｜9月｜10月｜11月｜12月

[O]

早春に出現する灯火によく飛来する普通種。幼虫はウラシマソウやシロバナエンレイソウなどを食べる。７～８月頃には蛹になりそのまま越冬、翌春羽化する。

## カバキリガ　ヤガ科

開　張：40 ~ 45 ㎜
分　布：平地｜山地｜**全域**
出現期：1月｜2月｜3月｜**4月**｜5月｜6月｜7月｜8月｜9月｜10月｜11月｜12月

[O]

年１化、春先に羽化。幼虫はコナラやクヌギ、サクラ、リンゴなどを食べる。似たものにホソバキリガやミヤマカバキリガなどがいるが前翅の色調などによって区別できる。

## キクセダカモクメ　ヤガ科

開　張：43 ~ 50 ㎜
分　布：平地｜山地｜**全域**
出現期：1月｜2月｜3月｜4月｜**5月**｜**6月**｜7月｜**8月**｜**9月**｜10月｜11月｜12月

[O]

年２化。幼虫はゴマナ、ヨメナ、ユウガギクなどキク科植物を食べる。セダカモクメ属にはよく似た種が多いため同定には注意が必要。その中で本種は最も普通といえる種。

## ノコメトガリキリガ　ヤガ科

開　張：35 ~ 42 ㎜
分　布：平地｜山地｜**全域**
出現期：1月｜2月｜3月｜4月｜5月｜6月｜7月｜8月｜9月｜**10月**｜**11月**｜12月

[O]

卵で越冬し、幼虫はモモの花や蕾に食い入り、終齢幼虫は葉も食べる。ツバキなどを食べるという報告もある。前翅は茶褐色、内外の横線は直線的、後翅は黒褐色である。

## アオバハガタヨトウ　ヤガ科

開　張：約 40 ㎜
分　布：平地｜山地｜**全域**
出現期：1月｜2月｜3月｜4月｜5月｜6月｜7月｜8月｜9月｜**10月**｜**11月**｜12月

[O]

前翅は緑色で複雑な斑紋をしている。後翅は一様に黒褐色。しかし前翅の緑色は標本にすると退色しやすい。幼虫はウラジロガシやリンゴ、サクラ類などを食べる。

## ハスモンヨトウ　ヤガ科

開　張：38 ～ 40 ㎜
分　布：平地 山地 全域
出現期：1月 2月 3月 4月 5月 6月 7月 8月 9月 10月 11月 12月

幼虫はトマト、ナス、ネギなどの野菜、キク、シクラメンなどの花卉類も食べる農作物の大害虫。野生のタデ科植物も食べる。多化性であるが、茨城では越冬しない。

## オオシマカラスヨトウ　ヤガ科

開　張：56 ～ 68 ㎜
分　布：平地 山地 全域
出現期：1月 2月 3月 4月 5月 6月 7月 8月 9月 10月 11月 12月

年１化。幼虫はアラカシ、サカキ、イロハモミジなどを食べる。成虫の胸部は扁平で、日中は樹皮下や岩、構造物の割れ目などに入る習性に適応した構造となっている。

## カラスヨトウ　ヤガ科

開　張：39 ～ 45 ㎜
分　布：平地 山地 全域
出現期：1月 2月 3月 4月 5月 6月 7月 8月 9月 10月 11月 12月

平地から山地どこでも見られる普通種である。カラスヨトウの仲間は朽ち木の樹皮下や屋根裏などで集団で夏眠する習性がある。クヌギ、コナラなどの樹液に飛来する。

## チャオビヨトウ　ヤガ科

開　張：約 32 ㎜
分　布：平地 山地 全域
出現期：1月 2月 3月 4月 5月 6月 7月 8月 9月 10月 11月 12月

年２化で県内どこにでもいる普通種。幼虫の食草はカナムグラやカラハナソウ。前翅地色はやや紫がかった褐色、中央部に黒褐色の帯が現れる。

## フタテンヒメヨトウ　ヤガ科

開　張：約 30 mm
分　布：平地 山地 **全域**
出現期：1月 2月 3月 **4月 5月 6月 7月 8月 9月** 10月 11月 12月

[O]

年２化で普通種。２化目はやや小型になる。幼虫はタウコギなどキク科の植物を食べる。前翅地色は濃褐色〜赤褐色、環状紋、腎状紋ともに白色で多種と区別できる。

## クロハナコヤガ　ヤガ科

開　張：約 18 mm
分　布：平地 山地 **全域**
出現期：1月 2月 3月 4月 5月 6月 **7月** 8月 9月 10月 11月 12月

[O]

過去の図鑑では、クロハナアツバと呼ばれ、アツバの仲間と思われていたこともあった。幼虫は樹幹上の地衣類を食し、体は著しい扁平、幅広のわらじ型である。

## ギンスジキンウワバ　ヤガ科

開　張：約 30 mm
分　布：平地 山地 **全域**
出現期：1月 2月 3月 4月 **5月 6月 7月 8月 9月** 10月 11月 12月

[O]

食草はオオバコ、セリなど。多化性の蛾でどこにでもいる普通種。キンウワバやギンウワバと名がつく蛾はたくさんいて、互いによく似ているので同定には注意が必要。

## オニベニシタバ　ヤガ科

開　張：56 〜 68 mm
分　布：平地 山地 **全域**
出現期：1月 2月 3月 4月 5月 6月 **7月 8月 9月 10月** 11月 12月

[Ss]

年１化。夜、クヌギなどの樹液にカブトムシなどとともに飛来する。後翅が名前の通り鮮やかな赤の美しい種。幼虫はコナラ、クヌギ、アラカシなどのブナ科を食べる。

## シロシタバ　ヤガ科

[So]

開　張：80～95 ㎜
分　布：平地 山地 全域
出現期：1月 2月 3月 4月 5月 6月 7月 8月 9月 10月 11月 12月

カトカラといわれるキシタバの中でも大型で美しい種。後翅は地色が白、２本の黒帯が入る。水戸付近のクヌギ林では普通種で、ほかの蛾やカブトムシなどとともにクヌギなどの樹液に集まる。食樹はウワミズザクラ。

## ジョナスキシタバ　ヤガ科

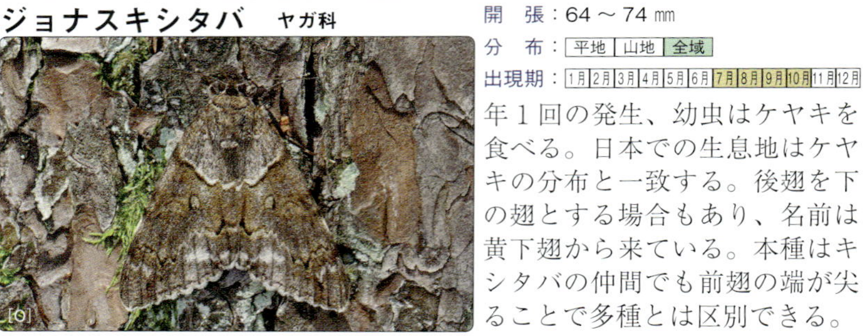

[O]

開　張：64～74 ㎜
分　布：平地 山地 全域
出現期：1月 2月 3月 4月 5月 6月 7月 8月 9月 10月 11月 12月

年１回の発生、幼虫はケヤキを食べる。日本での生息地はケヤキの分布と一致する。後翅を下の翅とする場合もあり、名前は黄下翅から来ている。本種はキシタバの仲間でも前翅の端が尖ることで多種とは区別できる。

## ウンモンクチバ　ヤガ科

開　張：約 47 ㎜
分　布：平地 山地 全域
出現期：1月 2月 3月 4月 5月 6月 7月 8月 9月 10月 11月 12月

[O]

年２化、食草はフジやハギ、ソラマメ、ダイズなど。近似種にニセウンモンクチバなどがおり、斑紋での区別はほぼ困難で、交尾器を使って同定する必要がある。

## ムクゲコノハ　ヤガ科

開　張：約 90 ㎜
分　布：平地 山地 全域
出現期：1月 2月 3月 4月 5月 6月 7月 8月 9月 10月 11月 12月

[Ss]

後翅は基半分が黒色その中に青紫色紋があり、外半は朱赤色の美しい大型の蛾である。多化性で普通種だが、越冬態など不明なところも多い。幼虫はナラ類などを食べる。

## フクラスズメ　ヤガ科

開　張：約 88 ㎜

分　布：平地 | 山地 | **全域**

出現期：1月 | 2月 | 3月 | 4月 | 5月 | 6月 | **7月** | **8月** | **9月** | **10月** | **11月** | 12月

年２化、新成虫は７月頃から晩秋まで出現する。越冬のために家屋に入り込むことがあり、冬期に成虫を見ることもある。幼虫はカラムシやイラクサなどを食し、ときに群生し、道路脇の食草を食べ尽くすこともある。

[O]

## ハグルマトモエ　ヤガ科

開　張：55 ～ 75 ㎜

分　布：平地 | 山地 | **全域**

出現期：1月 | 2月 | 3月 | **4月** | **5月** | **6月** | **7月** | **8月** | **9月** | 10月 | 11月 | 12月

年２化。春のものはヤマトトモエと呼ばれて別種扱いされていたなど斑紋には変異がある。幼虫はネムノキを食べ、大発生すると葉を食べ尽くすこともある。オスグロトモエとは翅の巴紋の大きさで区別できる。

[Ko]

## オスグロトモエ　ヤガ科

開　張：62 ～ 68 ㎜

分　布：平地 | 山地 | **全域**

出現期：1月 | 2月 | 3月 | **4月** | **5月** | **6月** | **7月** | **8月** | **9月** | 10月 | 11月 | 12月

[O]

年２化の普通種。春型、夏型とあり季節変異が大きく、春型は、巴紋が消失しアカイロトモエと呼ばれていた。幼虫はネムノキのほか栽培種のアカシアなども食べる。

## アカエグリバ　ヤガ科

開　張：40 ～ 50 ㎜

分　布：平地 | 山地 | **全域**

出現期：1月 | 2月 | 3月 | **4月** | **5月** | **6月** | **7月** | **8月** | **9月** | **10月** | **11月** | 12月

[O]

多化性の蛾で成虫越冬。成虫は丈夫な口吻を持ち、果実を突き刺し吸汁する害虫である。特にブドウやナシ、リンゴなどに被害が多い。幼虫はアオツヅラフジを食べる。

## マダラエグリバ　ヤガ科

開　張：25 ～ 32 ㎜

分　布：平地 山地 全域

出現期：1月 2月 3月 4月 5月 6月 7月 8月 9月 10月 11月 12月

エグリバの中では小形種である。翅形はほかのエグリバと同じように翅端は尖り、後縁はえぐられる。前翅の斑紋は金色がかった黄白色なので同定は容易。普通種であるが、茨城での発生回数や越冬態は不明である。

## アケビコノハ　ヤガ科

開　張：95 ～ 105 ㎜

分　布：平地 山地 全域

出現期：1月 2月 3月 4月 5月 6月 7月 8月 9月 10月 11月 12月

成虫越冬で年２～３化すると思われる。後翅のオレンジ色が鮮やかな蛾である。名前の通り幼虫はアケビやミツバアケビ、ムベを食べる。成虫はアカエグリバなどと同じく果実を口吻で刺し果汁を吸う害虫である。

## シロテンツマキリアツバ　ヤガ科

開　張：約 34 ㎜

分　布：平地 山地 全域

出現期：1月 2月 3月 4月 5月 6月 7月 8月 9月 10月 11月 12月

前後翅ともに地色は褐色。前翅中央付近にある腎状紋は小さいいくつもの白点からなり、前縁には三角形の大きな暗褐色影がある。幼虫はミズキ、キブシなどを食べる。

## ウスヅマクチバ　ヤガ科

開　張：約 40 ㎜

分　布：平地 山地 全域

出現期：1月 2月 3月 4月 5月 6月 7月 8月 9月 10月 11月 12月

年１化、夏に羽化し活動するが、秋にはほとんど活動せず成虫で越冬し、翌春４～５月に活動する。成虫の腹部背面には冠毛列がある。幼虫はネムノキなどを食べる。

## オオシラホシアツバ　ヤガ科

開　張：32 ～ 50 mm
分　布：平地｜山地｜**全域**
出現期：1月｜2月｜3月｜4月｜**5月**｜**6月**｜**7月**｜**8月**｜9月｜10月｜11月｜12月

一般に蝶や蛾はメスのほうがオスに比べて大きいが、本種ではメスのほうが小さい。似た種にマルシラホシアツバがいるが腎状紋がより細くＬ字状になることで区別できる。

## ツマオビアツバ　ヤガ科

開　張：22 ～ 30 mm
分　布：平地｜山地｜**全域**
出現期：1月｜2月｜3月｜4月｜5月｜**6月**｜**7月**｜**8月**｜**9月**｜**10月**｜11月｜12月

年に２化するが、６～８月に羽化する１化のものは大型、２化は小型、数も多くない。前翅にある横線で他種との区別は容易。幼虫はスギやアカマツなどの生葉を食べる。

## ウスグロアツバ　ヤガ科

開　張：24 ～ 34 mm
分　布：平地｜山地｜**全域**
出現期：1月｜2月｜3月｜4月｜**5月**｜**6月**｜**7月**｜**8月**｜**9月**｜10月｜11月｜12月

年２化の普通種。オスの触角には小さいながら、こぶ状の結節がある。前翅、後翅ともに地色など同じ模様になるので多種との区別は容易。幼虫はスゲ類の生葉を食べる。

## フシキアツバ　ヤガ科

開　張：21 ～ 27 mm
分　布：平地｜山地｜**全域**
出現期：1月｜2月｜3月｜4月｜**5月**｜**6月**｜**7月**｜**8月**｜**9月**｜10月｜11月｜12月

年２～３回発生する。幼虫は広葉樹の枯れ葉を食べる。小型のアツバにはこのような枯葉食のものが多く含まれている。しかし、与えれば生葉も食べることが多い。

## オツネントンボ　アオイトトンボ科

体　長：35～41㎜　Ⅱ類
分　布：平地　山地　全域　止水　流水
出現期：1月 2月 3月 4月 5月 6月 7月 8月 9月 10月 11月 12月

[So]

全身が茶色みの強いトンボで、成熟しても体色は変わらない。近似種とは本種は縁紋が重ならないことで区別できる。成虫で越冬し3月頃水辺に戻り交尾産卵をする。

## ホソミオツネントンボ　アオイトトンボ科

体　長：35～42㎜
分　布：平地　山地　全域　止水　流水
出現期：1月 2月 3月 4月 5月 6月 7月 8月 9月 10月 11月 12月

[O]
[Hi]

成虫で越冬するトンボである。越冬後に春になると青色に変化する。本種は翅を閉じると縁紋が重なることで、オツネントンボと区別できる。

## アオイトトンボ　アオイトトンボ科

体　長：34～48㎜
分　布：平地　山地　全域　止水　流水
出現期：1月 2月 3月 4月 5月 6月 7月 8月 9月 10月 11月 12月

[Ko]

全身が金緑色、成熟すると胸や腹部に白い粉を吹くがメスは粉を吹かない個体もある。平地の池で見られ羽化後は草の茂みや林の中で過ごし、秋になると水辺に戻る。

## オオアオイトトンボ　アオイトトンボ科

体　長：40～55㎜
分　布：平地　山地　全域　止水　流水
出現期：1月 2月 3月 4月 5月 6月 7月 8月 9月 10月 11月 12月

[O]

全身が金緑色、成熟しても白い粉を吹かない。平地の池で見られ7月頃羽化し、秋になると水辺に戻り主に夕方から夜間に連結状態で池周囲の木の枝などに産卵する。

## コバネアオイトトンボ　アオイトトンボ科

IA類

体　長：38～44 mm
分　布：平地｜山地｜全域　止水｜流水
出現期：1月｜2月｜3月｜4月｜5月｜6月｜7月｜8月｜9月｜10月｜11月｜12月

全身が金緑色、成熟しても白い粉を吹かない。平地の池で見られるが生息地は極限的で、県内で確実な生息地は一カ所しかない。6月下旬に羽化し、夏の間は付近の草むらや、ヨシ、マコモ群落の中で生活し秋になると背の低い草原などで交尾し水辺に戻りマコモなど柔らかい植物に連結で産卵する。

[So]

## ニホンカワトンボ　カワトンボ科

体　長：47～68 mm
分　布：平地｜山地｜全域　止水｜流水
出現期：1月｜2月｜3月｜4月｜5月｜6月｜7月｜8月｜9月｜10月｜11月｜12月

全身が金緑色、成熟すると白い粉を吹く。オスの羽は透明と橙色の2種類、メスの翅は透明である。良く似た仲間にアサヒナカワトンボがいるが本県にはニホンカワトンボしか分布していない。平地から山地にかけての流水域に生息している。オスは日当たりのよい水辺の植物に止まり縄張りを持つ。

[So]

## アオハダトンボ　カワトンボ科

準絶

体　長：55～63 mm
分　布：平地｜山地｜全域　止水｜流水
出現期：1月｜2月｜3月｜4月｜5月｜6月｜7月｜8月｜9月｜10月｜11月｜12月

全身が金緑色、雌雄ともに翅は黒色であるがメスには白紋が現れる。メスの翅に白紋があること、オスの翅は緑色がかって反射することで近似種ハグロトンボと区別できる。平地から山地にかけての流水域に生息しているが、清流を好み、生息地はやや局所的となっている。水中の植物組織に産卵する。

[So]

## ミヤマカワトンボ　カワトンボ科

体　長：63 ～ 80 ㎜
分　布：平地｜山地｜全域　止水｜流水
出現期：1月｜2月｜3月｜4月｜5月｜6月｜7月｜8月｜9月｜10月｜11月｜12月

[So]

大型のカワトンボで全身が金緑色、翅は燈色。メスの羽には白紋が現れる。平地から山地にかけて生息している。潜水して産卵することがある。潜水中に窒息しないのは体の表面に細かな毛が密生しておりそこに空気の層ができ、しばらくはその空気層で呼吸ができるためである。

## ハグロトンボ　カワトンボ科

体　長：54 ～ 68 ㎜
分　布：平地｜山地｜全域　止水｜流水
出現期：1月｜2月｜3月｜4月｜5月｜6月｜7月｜8月｜9月｜10月｜11月｜12月

[So]

全身が金緑色、雌雄ともに翅は黒色である。翅には縁紋がない。平地から山地にかけての流水域に生息しているが、あまり標高の高い山地には生息しない。

## モノサシトンボ　モノサシトンボ科

体　長：38 ～ 51 ㎜
分　布：平地｜山地｜全域　止水｜流水
出現期：1月｜2月｜3月｜4月｜5月｜6月｜7月｜8月｜9月｜10月｜11月｜12月

[So]

腹部各節に白紋があり目盛のように見えることからこの名前となっている。周囲に林がある池沼に生息する。オスは成熟すると水色がかった体色となる。

## オオモノサシトンボ　モノサシトンボ科

IB類

体　長：42～51 mm
分　布：平地　山地　全域　止水　流水
出現期：1月 2月 3月 4月 5月 6月 7月 8月 9月 10月 11月 12月

腹部先端の10節が白いこと、メスは未熟なうちは赤みが強いことでモノサシトンボと区別できる。平野の池や大河川のヨシやマコモの群落に生息している。秋にやや小型の個体が少ないながらも見られることから年2化している可能性がある。関東地方および新潟、宮城県の平野部にのみ生息している。

[So]

## キイトトンボ　イトトンボ科

準絶

体　長：31～48 mm
分　布：平地　山地　全域　止水　流水
出現期：1月 2月 3月 4月 5月 6月 7月 8月 9月 10月 11月 12月

オスは全体が鮮やかな黄色で腹部先端付近の背面は黒くなる、メスはやや黄緑がかっている。平地の池や湿地に生息しているが、近年湿地の乾燥化や減少に伴って生息地が激減している。本種は水質が良い水域に生息することが多く、排水などで池や湿地の水質が悪くなると姿を消している。

[So]

## ベニイトトンボ　イトトンボ科

IA類

体　長：34～47 mm
分　布：平地　山地　全域　止水　流水
出現期：1月 2月 3月 4月 5月 6月 7月 8月 9月 10月 11月 12月

オスは全体が鮮やかな赤、メスはやや黄緑色がかっている。夏前に羽化し、産卵した卵は秋には新成虫になり年2化するイトトンボである。平地の池や湿地に生息しているが、近年県内各地の生息地から姿を消していて確実な生息地がなくなりつつある。隣県では逆に最近個体数が増え分布も広げつつある。

[So]
[So]

## オゼイトトンボ　イトトンボ科

準絶

体　長：33 ～ 38 ㎜

分　布：平地 | 山地 | 全域 | 止水 | 流水

出現期：1月 | 2月 | 3月 | 4月 | 5月 | 6月 | 7月 | 8月 | 9月 | 10月 | 11月 | 12月

[Ss]

オスは青みが強く腹部第２節背面にワイングラス状の斑紋がある。メスは青色と黄緑色の２型が見られる。周囲に林がある水温の低めの湿地に生息している。

## オオセスジイトトンボ　イトトンボ科

ⅠA類

体　長：39 ～ 49 ㎜

分　布：平地 | 山地 | 全域 | 止水 | 流水

出現期：1月 | 2月 | 3月 | 4月 | 5月 | 6月 | 7月 | 8月 | 9月 | 10月 | 11月 | 12月

[So]

オスは青みが強くメスは黄緑色。抽水植物のヨシやマコモが茂り水質が良く沈水植物が豊富な池沼に生息しているが最近本県ではほとんど姿が見られなくなっている。

## クロイトトンボ　イトトンボ科

[So]

体　長：27 ～ 38 ㎜

分　布：平地 | 山地 | 全域 | 止水 | 流水

出現期：1月 | 2月 | 3月 | 4月 | 5月 | 6月 | 7月 | 8月 | 9月 | 10月 | 11月 | 12月

オスは胸部が青白くなる、メスは青白くなる個体と黄緑になる個体の２通りある。平地の池に普通に見られる。抽水植物や沈水植物が少なくほかのイトトンボがいないような池でも目にすることができる。

## セスジイトトンボ　イトトンボ科

[So]

準絶

体　長：27 ～ 37 ㎜

分　布：平地 | 山地 | 全域 | 止水 | 流水

出現期：1月 | 2月 | 3月 | 4月 | 5月 | 6月 | 7月 | 8月 | 9月 | 10月 | 11月 | 12月

オスは胸部、腹部が青みが強くメスはオスと同じように青みが強い個体と黄緑色の個体の２通りある。近似種オオイトトンボ、ムスジイトトンボとは眼後紋が大きく三角形であることで区別できる。

## オオイトトンボ　イトトンボ科

体　長：27 ～ 42 mm

分　布：平地｜山地｜全域　止水｜流水

出現期：1月｜2月｜3月｜4月｜5月｜6月｜7月｜8月｜9月｜10月｜11月｜12月

オスは胸部、腹部が青みが強くメスはオスと同じように青みが強い個体と黄緑色の個体の２通りある。近似種とは眼後紋が大きく洋なし型であることで区別できる。沈水植物が多い池に生息している。

## ムスジイトトンボ　イトトンボ科

準絶

体　長：30 ～ 39 mm

分　布：平地｜山地｜全域　止水｜流水

出現期：1月｜2月｜3月｜4月｜5月｜6月｜7月｜8月｜9月｜10月｜11月｜12月

オスは胸部、腹部が青みが強く、メスはオスと同じように青みが強い個体と黄緑色の個体の２通りある。近似種とは眼後紋が小さく筋状であることで区別できる。沈水植物が多い池に生息している。

## モートンイトトンボ　イトトンボ科

準絶

体　長：22 ～ 32 mm

分　布：平地｜山地｜全域　止水｜流水

出現期：1月｜2月｜3月｜4月｜5月｜6月｜7月｜8月｜9月｜10月｜11月｜12月

未熟なうちは全体が燈色。成熟するとオスは胸部が黄緑色で腹部先端が燈色、メスは全体が黄緑色となる。平野の湿地に生息しているが生息地は局所的である。交尾は朝のうちに見られる。産卵は単独で植物組織内に行われる。羽化は比較的短期間に集中する。

# ヒヌマイトトンボ　イトトンボ科

Ⅰ A類

分　布：平地｜山地｜全域｜止水｜流水

体　長：29 ～ 34 ㎜

出現期：1月｜2月｜3月｜4月｜5月｜6月｜7月｜8月｜9月｜10月｜11月｜12月

[So]

[So]

[So]

1971 年 7 月 7 日に茨城県涸沼で採集された個体をもとに新種として記載されたイトトンボである。オスの胸部背面に緑色の紋が 4 つあり、このような模様の種はほかにいないことで区別できる。メスは未熟なうちは胸部は燈色、成熟してくると汚れた茶色になる。潮の干満の影響がある汽水域のヨシ原にのみ生息している。飼育条件下では淡水のほうが孵化後の生存率が高いことが知られているが、ほかの種よりも塩分耐性がある。自然状態では他種との競合に弱いためにほかのトンボや水生生物が

住みにくい水位変動のある密生したヨシ原でのみ存続し続けることが可能なため、結果として汽水域のヨシ原を生息地としている。羽化は早朝から午前中に行われる。交尾は午前中比較的早い時間帯に行われ交尾時間は長い。産卵は昼頃を中心に枯れた植物体に行われる。全国的に生息地の減少が続き環境省のレッドデータブックでは絶滅危惧種ＩＢに指定されている。各種開発で生息地の矮小化が進んでいたため東日本大震災の津波により東北地方の生息地のほとんどは消滅した。

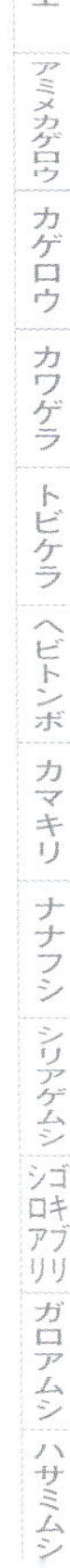

## アオモンイトトンボ　イトトンボ科

体　長：29 ～ 38 ㎜

分　布：**平地**｜山地｜全域　**止水**｜流水

出現期：1月｜2月｜3月｜4月｜5月｜**6月**｜**7月**｜**8月**｜9月｜10月｜11月｜12月

体つきはがっしりとしている。オスは胸部は青色、メスはオスと同じ青色と橙色の２型がある。平地の池沼に生息しているが比較的海岸に近い暖かい水域を好む。

## アジアイトトンボ　イトトンボ科

体　長：24 ～ 34 ㎜

分　布：**平地**｜山地｜全域　**止水**｜流水

出現期：1月｜2月｜3月｜4月｜**5月**｜**6月**｜**7月**｜**8月**｜**9月**｜10月｜11月｜12月

オスは胸部は青色、メスはオスと同じ青色と橙色の２型がある。アオモンイトトンボに似るがやや小型でオスの腹部９節背面の水色が目立つことで区別できる。

## ムカシトンボ　ムカシトンボ科

準絶

体　長：35 ～ 41 ㎜

分　布：平地｜**山地**｜全域　止水｜**流水**

出現期：1月｜2月｜3月｜**4月**｜**5月**｜6月｜7月｜8月｜9月｜10月｜11月｜12月

黄色の斑紋があり複眼は薄い灰色になる。幼虫は山間の渓流に生息し幼虫期間は数年を要し、春先羽化する前に１カ月ほど陸上生活をする。羽化後の成虫は林の中の開けた空間などで摂食し、成熟すると流れの脇の植物に産卵する。本県での主な産卵植物はウワバミソウやジャゴケである。

## サラサヤンマ　ヤンマ科

準絶

体　長：57～68㎜

分　布：平地　山地　全域　止水　流水

出現期：1月 2月 3月 4月 5月 6月 7月 8月 9月 10月 11月 12月

小型のヤンマで黄色や緑色の斑紋がある。老熟すると全体にやや青みが強くなる。平地の湿地に生息し、水がほとんどないような湿地でも生息している。羽化は早朝から午前中に行われ、成熟したオスは湿地上空を２～３ｍの範囲でホバリングしながら飛翔する。産卵は湿地の泥や朽木に行われる。

[So]

## コシボソヤンマ　ヤンマ科

体　長：77～92㎜

分　布：平地　山地　全域　止水　流水

出現期：1月 2月 3月 4月 5月 6月 7月 8月 9月 10月 11月 12月

大型のヤンマで茶色地に黄色い縞模様がある。腹部第３節が非常に細くなっており、この形態から名前がついた。水際にヨシやマコモの繁茂した流れに生息し、幼虫は水中のヨシなどの植物体につかまって生活している。流れの上を朝夕に活発に飛翔し、産卵は単独で水際の朽木に行われる。

[So] [So]

## ミルンヤンマ　ヤンマ科

体　長：61～80㎜

分　布：平地　山地　全域　止水　流水

出現期：1月 2月 3月 4月 5月 6月 7月 8月 9月 10月 11月 12月

小型のヤンマで黄色い縞模様がある。主に山間の流水に生息しているが、平野の林周辺の細流にも生息している場合がある。黄昏活動性が強く、日没前後に飛ぶ姿をよく目にする。日中は木の枝や草の茂みに静止している。産卵時期には日中オスが流れの上をパトロール飛翔する姿を見ることができる。

[So] [So]

## アオヤンマ　ヤンマ科

[So]

準絶

体　長：66～79 mm

分　布：**平地** 山地 全域　**止水** 流水

出現期：1月 2月 3月 4月 5月 **6月** **7月** 8月 9月 10月 11月 12月

雌雄ともに全身が黄緑色をしている。平野のヨシやマコモの繁茂した池や湿地に生息する。羽化後未熟なうちは日中に高空をゆっくりと飛翔し摂食活動をしている。羽化した水域から遠く離れることはない。また草原や湿地の上を低く飛んでクモを狩ることで知られる。産卵は主にヨシの固い茎に行われる。

## ネアカヨシヤンマ　ヤンマ科

[So]

Ⅱ類

体　長：75～88 mm

分　布：**平地** 山地 全域　**止水** 流水

出現期：1月 2月 3月 4月 5月 **6月** **7月** **8月** **9月** 10月 11月 12月

大型のヤンマで黄色や黄緑色の斑紋がある。平野の湿地や池に生息するが、水深の浅いところを好む。生息地はやや局所的である。日中は４～５ｍくらい上空を滑空するようにゆっくりと飛ぶ。産卵は池や湿地の土が露出した場所で行われることが多い。アオヤンマと同じようにクモを狩ることが知られる。

## カトリヤンマ　ヤンマ科

[So]

体　長：66～77 mm

分　布：**平地** 山地 全域　**止水** 流水

出現期：1月 2月 3月 4月 5月 6月 **7月** **8月** **9月** **10月** 11月 12月

オスは胸部が緑色、腹部に黄色や水色の斑紋、メスは若いうちは胸部は緑色であるが成熟すると薄い茶色、腹部には黄色の斑紋がある。里山の水田や湿地に生息し、水田では稲刈りが終わる頃に産卵する。産卵された卵はそのまま土の中で越冬し翌春に水が入れられると孵化して夏までに成虫になる。

## マルタンヤンマ　ヤンマ科

体　長：65〜84㎜

分　布：平地｜山地｜全域　止水｜流水

出現期：1月｜2月｜3月｜4月｜5月｜6月｜7月｜8月｜9月｜10月｜11月｜12月

[So]　[So]

オスは複眼がコバルトブルー、胸部にも青色の斑紋、メスは複眼は黄色、腹部に黄色の斑紋がある。平地の池沼に生息する。日中は高空を飛ぶか林の中で休んでいる。朝夕は活発に低空を飛ぶ。秋になると老熟した個体が湿地の上空4〜5ｍくらいをゆっくりと飛ぶようになる。

## ヤブヤンマ　ヤンマ科

体　長：79〜93㎜

分　布：平地｜山地｜全域　止水｜流水

出現期：1月｜2月｜3月｜4月｜5月｜6月｜7月｜8月｜9月｜10月｜11月｜12月

大型ヤンマで腹部第10節背面に突起がある。オスは複眼が青色、胸部には黄色や青色の斑紋がある。メスは複眼は茶色で胸部や腹部には黄色の斑紋があり、まれにオスと同じような体色のものが見られることがある。平地の樹林に囲まれた池沼に生息する。産卵は主に池の周囲の泥で行われる。黄昏活動性が強く日中はほとんど飛ばない。夕方メスが飛ぶと斜め後ろ上方を追いかけるようにオスが飛ぶ様子を見かけることがある。

[So]

## マダラヤンマ　ヤンマ科

[So]

準絶

体　長：63 ～ 74 mm

分　布：平地 ｜ 山地 ｜ 全域　止水 ｜ 流水

出現期：1月 2月 3月 4月 5月 6月 7月 8月 9月 10月 11月 12月

小型のヤンマでオスは複眼が青色、胸部、腹部に青色の斑紋。メスは複眼は黄色で胸部や腹部には黄色の斑紋、まれにオスと同じような体色のものが見られる。平地の周囲にマコモが茂る池沼に生息する。寒冷地性といわれているが本県では海浜部近くの池沼にも生息している。羽化は夜中行われる。

## オオルリボシヤンマ　ヤンマ科

[So]
[So]

体　長：76 ～ 94 mm

分　布：平地 ｜ 山地 ｜ 全域　止水 ｜ 流水

出現期：1月 2月 3月 4月 5月 6月 7月 8月 9月 10月 11月 12月

大型のヤンマでオスは胸部、腹部に青色の斑紋、メスは胸部や腹部には黄色の斑紋、まれにオスと同じような体色のものが見られる。主に平地の比較的大きな池に生息している。かつては本県では生息する池は限定されていたが最近生息範地が広がっており、秋になるとあちこちの池で目にするようになった。

## ルリボシヤンマ　ヤンマ科

[So]

準絶

体　長：68 ～ 90 mm

分　布：平地 ｜ 山地 ｜ 全域　止水 ｜ 流水

出現期：1月 2月 3月 4月 5月 6月 7月 8月 9月 10月 11月 12月

オスは胸部、腹部に青色や黄色の斑紋、メスは胸部や腹部には黄色の斑紋、まれにオスと同じような体色のものが見られる。主に山間の小さな池や湿地に生息している。かつては県北部山間部の湿地帯に普通に見られたが最近冬季の降雪の減少に伴う湿地の乾燥化によって生息数が減少している。

# ギンヤンマ　ヤンマ科

体　長：65 ～ 84 mm

分　布：平地｜山地｜全域｜止水｜流水

出現期：1月｜2月｜3月｜4月｜5月｜6月｜7月｜8月｜9月｜10月｜11月｜12月

[So]

[So]

胸部は緑色、腹部には黄色の斑紋、オスの腹部付け根付近は水色、メスの腹部付け根付近は明るい灰色になる。主に平地の池に生息する。羽化は深夜から夜明け前に行われる。成熟したオスは水辺に戻り水面上を往復して飛翔し、縄張りを持ち、ほかの個体や他種がそこに侵入すると激しく追い払う。産卵は連結と単独の両方が見られ、水面上に浮いている植物や水際のヨシ、ガマ、マコモなどに行われる。極めてまれにクロスジギンヤンマとの雑交個体での雑種スジボソギンヤンマが見られる。

## クロスジギンヤンマ　ヤンマ科

体　長：64 ～ 87 ㎜
分　布：平地｜山地｜全域　止水｜流水
出現期：1月｜2月｜3月｜4月｜5月｜6月｜7月｜8月｜9月｜10月｜11月｜12月

雌雄ともに胸部は緑色で黒い筋が1本入っている。オスの腹部には青色の斑紋、メスの腹部には緑黄色の斑紋がある。極めてまれにオスと同じ体色のものが見られる。

## ウチワヤンマ　サナエトンボ科

体　長：70 ～ 87 ㎜
分　布：平地｜山地｜全域　止水｜流水
出現期：1月｜2月｜3月｜4月｜5月｜6月｜7月｜8月｜9月｜10月｜11月｜12月

大型で名前にヤンマとついているがサナエトンボの仲間である。腹部先端付近が下方にウチワ状に広がることからこの名前がつけられた。平地の開けた池沼に生息する。

## コオニヤンマ　サナエトンボ科

体　長：75 ～ 93 ㎜
分　布：平地｜山地｜全域　止水｜流水
出現期：1月｜2月｜3月｜4月｜5月｜6月｜7月｜8月｜9月｜10月｜11月｜12月

名前にヤンマとついているがサナエトンボの仲間である。胸部、腹部に黄色の斑紋があり、脚が他種に比べて長く、頭部と腹部のバランスを見ると、頭部が小さく見える。

## オナガサナエ　サナエトンボ科

体　長：55 ～ 66 ㎜
分　布：平地｜山地｜全域　止水｜流水
出現期：1月｜2月｜3月｜4月｜5月｜6月｜7月｜8月｜9月｜10月｜11月｜12月

雌雄ともに黄色の斑紋がある。オスの腹部先端の付属器は大きく目立つ。河川中流域に生息する。産卵は朝夕に行われ、空中にホバリングしながら卵をばらまく。

## アオサナエ　サナエトンボ科

体　長：57 ～ 65 mm

分　布：平地｜山地｜全域　止水｜流水

出現期：1月｜2月｜3月｜4月｜5月｜6月｜7月｜8月｜9月｜10月｜11月｜12月

[So]

胸部は緑色、腹部に黄色の斑紋がある。河川中流域に生息している。羽化は真夜中から早朝に行われる。オスは成熟すると河原に戻り、石の上に静止して縄張りを持ち、ほかのオスが近づくと追い払う。メスは早朝や夕方日が差し込まない時間帯にホバリングしながら産卵する。

## クロサナエ　サナエトンボ科

体　長：38 ～ 46 mm

分　布：平地｜山地｜全域　止水｜流水

出現期：1月｜2月｜3月｜4月｜5月｜6月｜7月｜8月｜9月｜10月｜11月｜12月

[So]

小型のサナエトンボで、雌雄ともに胸部は黄色で2条の黒い筋がある。腹部には黄色の斑紋がある。山地から平地にかけての流水に生息する。

## ダビドサナエ　サナエトンボ科

体　長：40 ～ 47 mm

分　布：平地｜山地｜全域　止水｜流水

出現期：1月｜2月｜3月｜4月｜5月｜6月｜7月｜8月｜9月｜10月｜11月｜12月

[Ko]

小型のサナエトンボで胸部は黄色で2条の黒い筋があるが1本が消えかかっている個体もある。腹部には黄色の斑紋がある。山地から平地にかけての流水に生息する。

## モイワサナエ　サナエトンボ科

Ⅱ類

体　長：36 ～ 49 ㎜
分　布：平地 山地 全域　止水 流水
出現期：1月 2月 3月 4月 5月 6月 7月 8月 9月 10月 11月 12月

[So]

小型のサナエトンボで胸部は黄色で２条の黒い筋があるが上方になるに従い細くなって消失する。腹部には黄色の斑紋がある。山地の渓流に生息する。

## ヒメクロサナエ　サナエトンボ科

体　長：38 ～ 46 ㎜
分　布：平地 山地 全域　止水 流水
出現期：1月 2月 3月 4月 5月 6月 7月 8月 9月 10月 11月 12月

[So]

小型のサナエトンボで胸部は黄色で２条の黒い筋がある。オスの先側の黒筋は途中で後方へ曲がって後方の黒筋につながり、メスでは前方の黒筋は途中で消える。

## ヒメサナエ　サナエトンボ科

体　長：41 ～ 47 ㎜
分　布：平地 山地 全域　止水 流水
出現期：1月 2月 3月 4月 5月 6月 7月 8月 9月 10月 11月 12月

[So]

小型のサナエトンボで胸部は黄色で２条の黒い筋があるが前方の黒筋は途中で消える。幼虫は河川中流域で羽化するが、産卵は上流の細流で行われる。

## オジロサナエ　サナエトンボ科

体　長：41 ～ 47 ㎜
分　布：平地 山地 全域　止水 流水
出現期：1月 2月 3月 4月 5月 6月 7月 8月 9月 10月 11月 12月

[So]

小型のサナエトンボで胸部は黄色で２条の黒い筋があるが途中で一度合流、分岐しており、Ｙの字のように見える。成熟成虫は河川上流で生息活動を行う。

## コサナエ　サナエトンボ科

体　長：40 ～ 47 ㎜

分　布：**平地** 山地 全域　**止水** 流水

出現期：1月 2月 3月 **4月** **5月** 6月 7月 8月 9月 10月 11月 12月

小型のサナエトンボでこの仲間では春最初に出現する。胸部は黄色で１条の黒い筋がある。平地の池沼に生息し、羽化は主に午前中水際で行われ、羽化時間は数10分と短い。水辺からあまり離れないで生活している。

[Ko]

## ミヤマサナエ　サナエトンボ科

体　長：50 ～ 59 ㎜

分　布：平地 山地 **全域**　止水 **流水**

出現期：1月 2月 3月 4月 5月 **6月** **7月** **8月** **9月** 10月 11月 12月

胸部は黄色で２条の黒い筋、腹部には黄色の斑紋があり腹部７～９節が大きく広がっている。河川中流で羽化した成虫は一度標高の高い山地に移動し夏を過ごし、成熟すると河川中流域に戻ってきて交尾産卵を行う。

[Hi]

## ナゴヤサナエ　サナエトンボ科

準絶

体　長：59 ～ 65 ㎜

分　布：**平地** 山地 全域　止水 **流水**

出現期：1月 2月 3月 4月 5月 **6月** **7月** **8月** **9月** 10月 11月 12月

[So]

胸部は黄色で２条の黒い筋、腹部には黄色の斑紋があり腹部７～９節が大きく広がっている。河川下流域で羽化し成熟すると河川中流域に戻ってきて交尾産卵を行う。

## ホンサナエ　サナエトンボ科

体　長：49 ～ 55 ㎜

分　布：平地 山地 **全域**　止水 **流水**

出現期：1月 2月 3月 **4月** **5月** 6月 7月 8月 9月 10月 11月 12月

[So]

ずんぐりした体形で胸部は黄色で１条の黒い筋、腹部には黄色の斑紋があり腹部７～９節がやや広がっている。あまり移動せず河川中流域で羽化、交尾産卵を行う。

## キイロサナエ　サナエトンボ科

体　長：60 ～ 69 ㎜

分　布：平地 山地 全域　止水 流水

出現期：1月 2月 3月 4月 5月 6月 7月 8月 9月 10月 11月 12月

腹部には黄斑、胸部に２条の黒い筋があり前方の黒筋は中間が消失する傾向がある。オスの上部付属器は下部付属器より短く、メスの産卵弁は下方に突出する。

## ヤマサナエ　サナエトンボ科

体　長：62 ～ 73 ㎜

分　布：平地 山地 全域　止水 流水

出現期：1月 2月 3月 4月 5月 6月 7月 8月 9月 10月 11月 12月

胸部に２条の黒い筋がありキイロサナエのように黒筋は中間が消失しない。オスの上部付属器は下部付属器より長い、メスの産卵弁は下方に突出しない。

## ムカシヤンマ　ムカシヤンマ科

体　長：63 ～ 80 ㎜

分　布：平地 山地 全域　止水 流水

出現期：1月 2月 3月 4月 5月 6月 7月 8月 9月 10月 11月 12月

ややずんぐりした体形で胸部に１条の太い黒い筋があり、腹部には黄色の斑紋がある。幼虫は湿地や水が滴り落ちる崖地に穴を掘って生活する特異な生態を持つ。４月下旬に最高気温が 25℃を超えた日が２～３日あると羽化を始める、羽化は早朝から午前中に行われる。

## オニヤンマ　オニヤンマ科

体　長：82 ～ 114 mm

分　布：平地 山地 全域 止水 流水

出現期：1月 2月 3月 4月 5月 6月 7月 8月 9月 10月 11月 12月

日本最大の種である。胸部、腹部共に、黒色の地色に黄色の縞条がある。幼虫は砂泥質や細かな礫質の細流に生息している。幼虫期間は3～4年といわれている。羽化後しばらくは林の上空や付近の山の上で摂食し、成熟したオスは細流や林縁を低く往復飛翔し、メスが産卵にくると産卵中のメスに背後からつかみかかり交尾する。オスは扇風機など回転するものの反射をメスに見間違えてホバリング気味に近づく習性がある。

[O]　[So]

## トラフトンボ　エゾトンボ科

体　長：50 ～ 58 mm

準絶

分　布：平地 山地 全域 止水 流水

出現期：1月 2月 3月 4月 5月 6月 7月 8月 9月 10月 11月 12月

[Ss]

胸部は黄色で2条の太い黒い筋があり、腹部には黄色の斑紋がある。メスには翅の前縁が黒くなる個体が多い。平地の池に生息するがやや局所的である。

## タカネトンボ　エゾトンボ科

体　長：53 ～ 65 mm

Ⅱ類

分　布：平地 山地 全域 止水 流水

出現期：1月 2月 3月 4月 5月 6月 7月 8月 9月 10月 11月 12月

[So]

胸部は光沢のある緑色で斑紋はない。腹部の根元付近はやや太くなっており、黄色の斑紋がある。オスの上部付属器は出刃包丁のような形、メスの産卵弁は短い三角形。

## エゾトンボ　エゾトンボ科

体　長：53 ～ 74 ㎜
分　布：平地 山地 全域　止水 流水
出現期：1月 2月 3月 4月 5月 6月 7月 8月 9月 10月 11月 12月

[So]

胸部は光沢のある緑色、腹部の根元付近はやや太くなっている。オスは未熟なうちは黄斑紋があるが成熟すると斑紋は消失する。メスは腹部に黄斑紋がある。

## ハネビロエゾトンボ　エゾトンボ科

Ⅱ類

体　長：58 ～ 66 ㎜
分　布：平地 山地 全域　止水 流水
出現期：1月 2月 3月 4月 5月 6月 7月 8月 9月 10月 11月 12月

[So]

胸部は光沢のある緑色、メスの腹部の根元付近は太くなっており産卵弁も長い。雌雄ともに未熟なうちは黄斑紋があるが成熟するとオスの斑紋は消失する。

## オオヤマトンボ　ヤマトンボ科

体　長：78 ～ 92 ㎜
分　布：平地 山地 全域　止水 流水
出現期：1月 2月 3月 4月 5月 6月 7月 8月 9月 10月 11月 12月

[So]　[So]

大型のトンボで、胸部は光沢のある緑色、胸部、腹部に黄色の斑紋がある。頭部を正面から見ると黄色の筋が２段になっていることで他種と区別できる。

## キイロヤマトンボ　ヤマトンボ科

Ⅱ類

体　長：75 ～ 83 ㎜
分　布：平地 山地 全域　止水 流水
出現期：1月 2月 3月 4月 5月 6月 7月 8月 9月 10月 11月 12月

[So]

胸部は光沢のある緑色、胸部、腹部に黄色の斑紋がある。腹部第３節側面にある黄斑に斜めに黒帯が入ることで近似種コヤマトンボと区別できる。

## コヤマトンボ　ヤマトンボ科

体　長：67 ～ 81 mm
分　布：平地｜山地｜全域　止水｜流水
出現期：1月｜2月｜3月｜4月｜5月｜6月｜7月｜8月｜9月｜10月｜11月｜12月

[So]

胸部は光沢のある緑色、胸部、腹部に黄色の斑紋がある。河川中流域に生息し、河面を往復飛翔することが多い。幼虫はクモのように脚が長い。

## チョウトンボ　トンボ科

体　長：34 ～ 42 mm
分　布：平地｜山地｜全域　止水｜流水
出現期：1月｜2月｜3月｜4月｜5月｜6月｜7月｜8月｜9月｜10月｜11月｜12月

[Hi]

胸部、腹部ともに黒色、翅は黒色で日の光を反射して藍色に輝く。蝶のようにひらひらと飛翔することが多い。抽水植物の多い池に生息している。

## ナツアカネ　トンボ科

体　長：33 ～ 42 mm
分　布：平地｜山地｜全域　止水｜流水
出現期：1月｜2月｜3月｜4月｜5月｜6月｜7月｜8月｜9月｜10月｜11月｜12月

[So]

胸部に２条の黒筋があり前側の筋は途中で細くなることなく途切れている。オスは成熟すると頭部、胸部、腹部とも赤色になる。羽化場所をあまり離れないで夏の間は付近の林の梢で生活している。

## リスアカネ　トンボ科

Ⅱ類

体　長：31 ～ 46 mm
分　布：平地｜山地｜全域　止水｜流水
出現期：1月｜2月｜3月｜4月｜5月｜6月｜7月｜8月｜9月｜10月｜11月｜12月

[So]

胸部に２条の黒筋があり前側の筋は途中で細くなり消失する、翅先端が褐色となる。腹部は成熟するとオスは赤色、メスは明るい褐色となる。平地の池沼に生息するが生息地は限定される。

## ノシメトンボ　トンボ科

体　長：37 ～ 52 ㎜
分　布：平地 | 山地 | 全域 | 止水 | 流水
出現期：1月 | 2月 | 3月 | 4月 | 5月 | 6月 | 7月 | 8月 | 9月 | 10月 | 11月 | 12月

[O]

胸部に２条の黒筋がある。成熟すると腹部はオスは暗褐色、メスは明るい褐色となる。平地の湿地、水田に普通に見られたが、最近は減少している。

## アキアカネ　トンボ科

体　長：32 ～ 46 ㎜
分　布：平地 | 山地 | 全域 | 止水 | 流水
出現期：1月 | 2月 | 3月 | 4月 | 5月 | 6月 | 7月 | 8月 | 9月 | 10月 | 11月 | 12月

[Hi]

胸部に２条の黒筋があり前側の筋は途中で細くなり消失する。腹部は成熟するとオスは赤色、メスは明るい褐色となる。羽化後は山の上で過ごし秋に里山に降りてくる。

## コノシメトンボ　トンボ科

[So]

準絶

体　長：36 ～ 48 ㎜
分　布：平地 | 山地 | 全域 | 止水 | 流水
出現期：1月 | 2月 | 3月 | 4月 | 5月 | 6月 | 7月 | 8月 | 9月 | 10月 | 11月 | 12月

胸部に２条の黒筋があり前側の筋は途中で後ろに曲がり後ろの黒条に合流する。翅先端が褐色となる。腹部は成熟するとオスは赤色、メスは明るい褐色となる。平地の池沼に生息するが生息地は限定的。

## ヒメアカネ　トンボ科

[So]

Ⅱ類

体　長：28 ～ 38 ㎜
分　布：平地 | 山地 | 全域 | 止水 | 流水
出現期：1月 | 2月 | 3月 | 4月 | 5月 | 6月 | 7月 | 8月 | 9月 | 10月 | 11月 | 12月

胸部に２条の黒筋があるが細くて目立たない。マユタテアカネに似るがオスは上部付属器がそり返らないこと、メスは産卵弁が長いことで区別できる。池沼湿地に生息するが生息地は限られている。

## マユタテアカネ　トンボ科

体　長：31 ～ 42 ㎜
分　布：平地｜山地｜全域　止水｜流水
出現期：1月｜2月｜3月｜4月｜5月｜6月｜7月｜8月｜9月｜10月｜11月｜12月

顔に眉のような模様がある。ヒメアカネに似るがオスは上部付属器がそり返ること、メスは産卵弁が短いことで区別できる。池沼湿地に普通に見られる。

## マイコアカネ　トンボ科

体　長：29 ～ 40 ㎜
分　布：平地｜山地｜全域　止水｜流水
出現期：1月｜2月｜3月｜4月｜5月｜6月｜7月｜8月｜9月｜10月｜11月｜12月

成熟したオスは顔が青白くなる。胸の筋は細く３条になっていて複雑に見える。腹部は成熟するとオスは赤色、メスは明るい褐色となる。

## ミヤマアカネ　トンボ科

準絶

体　長：30 ～ 41 ㎜
分　布：平地｜山地｜全域　止水｜流水
出現期：1月｜2月｜3月｜4月｜5月｜6月｜7月｜8月｜9月｜10月｜11月｜12月

翅に褐色の帯があり、胸部の筋は目立たない。腹部は成熟するとオスは赤色、メスは明るい褐色となる。主に平地や山地の細い流れに生息する。

## ネキトンボ　トンボ科

準絶

体　長：38 ～ 46 ㎜
分　布：平地｜山地｜全域　止水｜流水
出現期：1月｜2月｜3月｜4月｜5月｜6月｜7月｜8月｜9月｜10月｜11月｜12月

翅の付け根が褐色になる。胸部に黒い筋が２本ある。オスは胸部、腹部ともに赤色、メスの胸部は黄色。腹部は明るい褐色となる。平地や山地の池に生息する。

## キトンボ　トンボ科

ⅠB類

[So]

体　長：37～47㎜

分　布：平地 山地 **全域**　**止水** 流水

出現期：1月 2月 3月 4月 5月 6月 7月 8月 **9月 10月 11月 12月**

体全体が燈色、翅も付け根から中ほどまでと前縁が燈色になる。浮葉植物や沈水植物が豊富で透明度の高い池を好むようである。かつては県内各地に生息地があったが最近は確実な生息地がなくなってきている。8月中旬に羽化し9月中旬から水辺に戻ってくる。暖かい年は12月下旬まで見ることができる。

## コシアキトンボ　トンボ科

[No]

体　長：40～50㎜

分　布：**平地** 山地 全域　**止水** 流水

出現期：1月 2月 3月 4月 5月 **6月 7月 8月 9月** 10月 11月 12月

体全体が黒色であるが、腹部3、4節が白いことで他種と容易に区別できる。この白い部分は未熟なうちは薄い黄色になっている。後翅の付け根に大きな褐色斑がある。平地の池沼に広く生息しており、比較的汚れた水域にも生息している。水面上を敏捷に飛び回りオスどうしで縄張り争いをしている姿が目立つ。

## コフキトンボ　トンボ科

[So]　[Hi]

体　長：37～48㎜

分　布：**平地** 山地 全域　**止水** 流水

出現期：1月 2月 3月 4月 5月 **6月 7月 8月** 9月 10月 11月 12月

体全体に白く粉を吹く、メスには明るい褐色になり翅に褐色の帯の模様がつくオビトンボ型といわれるタイプが見られる。オビトンボ型の出現率は池によって違う。平地の池沼に普通に見られる。羽化は夕方暗くなると始まり、夜半前には完了し明るくなるのを待つ。産卵はメス単独で打水産卵で行われる。

## ハッチョウトンボ　トンボ科

準絶

体　長：17～21㎜
分　布：平地 山地 全域 止水 流水
出現期：1月 2月 3月 4月 5月 6月 7月 8月 9月 10月 11月 12月

[So]

日本最小のトンボである。オスは赤色、メスは褐色の縞模様になる。水温が上がらない湧水があるような浅い湿地を好むため最近生息地が減ってきている。交尾産卵は日中晴れているときのみに行われる。

## ショウジョウトンボ　トンボ科

体　長：38～55㎜
分　布：平地 山地 全域 止水 流水
出現期：1月 2月 3月 4月 5月 6月 7月 8月 9月 10月 11月 12月

[O]

オスは未熟なうちは燈色、成熟すると赤色、メスは燈色となる。平地の池沼に夏普通に見られる。オスは池に突き出た枝葉に静止して縄張りをつくり、近づくトンボは種が違っても追い払うなど、活発に活動する。

## ウスバキトンボ　トンボ科

体　長：44～54㎜
分　布：平地 山地 全域 止水 流水
出現期：1月 2月 3月 4月 5月 6月 7月 8月 9月 10月 11月 12月

[So]

体は明るい褐色をしている。毎年東南アジアから世代を繰り返しながら北上し、本県には5月頃到着し、秋まで数世代を繰り返し、幼虫が越冬できないため死滅する。

## ハラビロトンボ　トンボ科

準絶

体　長：32～42㎜
分　布：平地 山地 全域 止水 流水
出現期：1月 2月 3月 4月 5月 6月 7月 8月 9月 10月 11月 12月

[So]
[Hi]

腹部の長さに比べて幅が広いためこの名前で呼ばれる。未熟なうちは雌雄とも黄色地に黒条があり、成熟するとオスの腹部は粉を吹いて青灰色となる。

## シオカラトンボ　トンボ科

[No]

体　長：47 ～ 61 ㎜

分　布：平地｜山地｜**全域**　**止水**｜流水

出現期：1月｜2月｜3月｜4月｜**5月**｜**6月**｜**7月**｜**8月**｜**9月**｜10月｜11月｜12月

オスは成熟すると粉を吹いて灰色、メスは褐色のいわゆる麦わら模様になる。腹部7～9節が黒くなること、オスは腹端の上部付属器が白く、メスは尾毛が白くなることで、近似種と区別できる。

## シオヤトンボ　トンボ科

[O]
[Hi]

体　長：36 ～ 49 ㎜

分　布：平地｜山地｜**全域**　**止水**｜流水

出現期：1月｜2月｜3月｜**4月**｜**5月**｜6月｜7月｜8月｜9月｜10月｜11月｜12月

オスの胸部は褐色、腹部は粉を吹いて灰色、メスは胸部、腹部とも褐色となる。ほかのトンボに先駆けて、桜の開花とほぼ同じ時期に出現する。池や湿地周辺の倒木や枯れ草、石などに止まっていることが多い。

## オオシオカラトンボ　トンボ科

体　長：49 ～ 61 ㎜

分　布：平地｜山地｜**全域**　**止水**｜流水

出現期：1月｜2月｜3月｜4月｜**5月**｜**6月**｜**7月**｜**8月**｜**9月**｜10月｜11月｜12月

[So]

オスは成熟すると粉を吹いて灰色、メスは褐色のいわゆる麦わら模様になる。オスは腹部先端が黒くなること、オスは腹端の上部付属器、メスは尾毛が黒くなる。

## ヨツボシトンボ　トンボ科

準絶

体　長：38 ～ 52 ㎜

分　布：**平地**｜山地｜全域　**止水**｜流水

出現期：1月｜2月｜3月｜4月｜**5月**｜6月｜7月｜8月｜9月｜10月｜11月｜12月

[So]

ややずんぐりとした体形で体色は黄褐色、翅の前縁が褐色になる。植物が茂る池沼に生息している。移動性が高く、突然これまでいなかった池で発生することがある。

## ニワハンミョウ　ハンミョウ科

体　長：15～18 mm
分　布：平地｜山地｜全域
出現期：1月｜2月｜3月｜4月｜5月｜6月｜7月｜8月｜9月｜10月｜11月｜12月

暗銅色～暗緑色で、上翅に淡い黄色の紋があり、まれに黒化型も出現する。開けた地表で昆虫などを食べながら生活し、平野部よりも山地で多く見かけられる。

## コニワハンミョウ　ハンミョウ科

体　長：10～13 mm
分　布：平地｜山地｜全域
出現期：1月｜2月｜3月｜4月｜5月｜6月｜7月｜8月｜9月｜10月｜11月｜12月

暗銅色～暗緑色で、上翅に明瞭な白色の紋がある。ニワハンミョウより一回り小型である。山麓から平野部の河川流域や、海岸の砂地などで見られる。

## アイヌハンミョウ　ハンミョウ科

Ⅱ類

体　長：16～19 mm
分　布：平地｜山地｜全域
出現期：1月｜2月｜3月｜4月｜5月｜6月｜7月｜8月｜9月｜10月｜11月｜12月

暗緑色で上翅に黄白色紋がある。大河川の上～中流域に形成された石の多い河原に生息し、極めて局所的に分布する。近年は河川敷の工事などにより減少している。

## ハンミョウ　ハンミョウ科

体　長：18～20 mm
分　布：平地｜山地｜全域
出現期：1月｜2月｜3月｜4月｜5月｜6月｜7月｜8月｜9月｜10月｜11月｜12月

頭部は金緑色、上翅は黒紫色のビロード状の光沢がある。日本の美麗甲虫の代表で「道教え」の名でも親しまれてきた。日の当たる地面で昆虫やミミズなどを食す。

## エリザハンミョウ　ハンミョウ科

体　長：9～11㎜
分　布：平地｜山地｜全域
出現期：1月｜2月｜3月｜4月｜5月｜6月｜7月｜8月｜9月｜10月｜11月｜12月

[O]

暗銅色～暗緑色で、上翅の長い帯状紋は唐草模様のように湾曲する。河川流域や砂浜など開けた砂地に生息し、やや湿った場所を好む傾向がある。灯火に飛来する。

## コハンミョウ　ハンミョウ科

体　長：11～13㎜
分　布：平地｜山地｜全域
出現期：1月｜2月｜3月｜4月｜5月｜6月｜7月｜8月｜9月｜10月｜11月｜12月

[Ko]

暗銅色～暗緑色で、上翅の白色帯状紋は細長く、中央前寄りには1対の黒色紋を呈する個体も見られる。河川流域や海岸の砂地、水田の周辺や畑地などでも見られる。

## トウキョウヒメハンミョウ　ハンミョウ科

体　長：9～10㎜
分　布：平地｜山地｜全域
出現期：1月｜2月｜3月｜4月｜5月｜6月｜7月｜8月｜9月｜10月｜11月｜12月

[O]

暗銅色～暗緑色。他種より小型で、上翅の斑紋は目立たない。都市化、宅地化により生息地を徐々に広げている昆虫。県南部から徐々に県央部、沿岸部へ分布を広げている。

## カワラハンミョウ　ハンミョウ科

体　長：14～17㎜
分　布：平地｜山地｜全域
出現期：1月｜2月｜3月｜4月｜5月｜6月｜7月｜8月｜9月｜10月｜11月｜12月

[So]

河川中流～河口域の草が生えた砂地、海浜の砂丘などに生息するが、環境の悪化により日本各地で減少している。背面の模様と配色が独特で、砂地の保護色となる。

## エゾカタビロオサムシ　オサムシ科

体　長：23～31 mm
分　布：平地｜山地｜全域
出現期：1月｜2月｜3月｜4月｜5月｜6月｜7月｜8月｜9月｜10月｜11月｜12月

銅色で、上翅は長く3条の丸い孔点列がある。ほかのオサムシとは異なり､飛ぶための内翅がある。夜間、灯火に飛来した本種がほかの昆虫を食べる様子がよく見られる。

## ツクバクロオサムシ　オサムシ科

体　長：20～23 mm
分　布：平地｜山地｜全域
出現期：1月｜2月｜3月｜4月｜5月｜6月｜7月｜8月｜9月｜10月｜11月｜12月

赤銅色～緑色の光沢を持つ。森林やその周辺で、昆虫やミミズなどを食べる。県北の高標高地や、県南の筑波山周辺に分布している。後翅が退化し、飛翔できない。

## アカガネオサムシ　オサムシ科

体　長：18～26 mm
分　布：平地｜山地｜全域
出現期：1月｜2月｜3月｜4月｜5月｜6月｜7月｜8月｜9月｜10月｜11月｜12月

黒色で鈍い光沢があり、上翅に特徴的な隆条を持つ。生息地は限定され、良好な湿地環境を指標する昆虫である。飛翔できない。腐朽木や崖状の斜面の中で越冬する。

## キタアオオサムシ　オサムシ科

体　長：23～34 mm
分　布：平地｜山地｜全域
出現期：1月｜2月｜3月｜4月｜5月｜6月｜7月｜8月｜9月｜10月｜11月｜12月

緑色の金属光沢を呈し、上翅には明瞭な筋と点刻がある。茨城県北部から東北地方に分布する。雑木林やその周辺に生息し、ミミズなどを主食とする。飛翔できない。

## カントウアオオサムシ　オサムシ科

体　長：22～33㎜
分　布：平地　山地　全域
出現期：1月 2月 3月 4月 5月 6月 7月 8月 9月 10月 11月 12月

[Ku]

前種と同じアオオサムシの亜種で、茨城県央から南部、関東平野に広く分布する。外見から前種との差違を見出すことは難しい。森林や草地など幅広い環境に出現する。

## セアカオサムシ　オサムシ科

準絶

体　長：16～22㎜
分　布：平地　山地　全域
出現期：1月 2月 3月 4月 5月 6月 7月 8月 9月 10月 11月 12月

[Ku]

前胸背板は赤銅色の光沢を帯び、上翅には卵形のこぶ状突起の列と細い隆起線が交互に走る。小型だが美麗である。林縁部や草原などの環境を好む。少ない。

## クロナガオサムシ　オサムシ科

体　長：25～34㎜
分　布：平地　山地　全域
出現期：1月 2月 3月 4月 5月 6月 7月 8月 9月 10月 11月 12月

[O]

黒色で背面は頭部を除き光沢を欠く。細長く大型である。樹林地やその周辺に棲息し、越冬の際は、土中や腐朽木の中に2～3頭が集まることもある。飛翔できない。

## ヒメマイマイカブリ　オサムシ科

体　長：29～50㎜
分　布：平地　山地　全域
出現期：1月 2月 3月 4月 5月 6月 7月 8月 9月 10月 11月 12月

[O]

全体的に藍色がかり、頭部から前胸には光沢がある。カタツムリの天敵として有名だが、樹液も吸う。越冬の際は、朽木の中に多数集まることがある。飛翔できない。

## ヒョウタンゴミムシ　オサムシ科

体　長：15～20 mm

分　布：**平地** 山地 全域

出現期：1月 2月 3月 4月 5月 **6月** **7月** **8月** **9月** 10月 11月 12月

光沢のある黒色で、触角や脚の爪は赤みを帯びる。海岸の砂地に生息し、発達した大顎で昆虫や小型甲殻類の死骸を食べる。体前方（前胸と中胸の間）で強くくびれて“瓢箪型”になるのが名前の由来。

## ナガヒョウタンゴミムシ　オサムシ科

体　長：15～19.5 mm

分　布：**平地** 山地 全域

出現期：1月 2月 3月 4月 **5月** **6月** **7月** **8月** **9月** 10月 11月 12月

黒色で、腹部はやや丸みを帯びヒョウタンゴミムシに比べ細い。海岸の砂地や、畑地、草地にも棲息する。日中は熊手状の前脚で地中の坑道に潜り、日没後に地表に出て昆虫などを食べることが多い。灯火にもくる。

## ホソヒョウタンゴミムシ　オサムシ科

体　長：17.5～22 mm

分　布：**平地** 山地 全域

出現期：1月 2月 3月 4月 **5月** **6月** **7月** **8月** **9月** 10月 11月 12月

黒色で、ナガヒョウタンゴミムシによく似るが、前胸の側縁はほぼ並行。また中脚脛節の外縁先端に２本の棘があり、１本しかない前種と区別できる。海岸の砂地や、畑地、草地に棲息し、習性もよく似ている。

## オサムシモドキ　オサムシ科

体　長：20～24 mm

分　布：**平地** 山地 全域

出現期：1月 2月 3月 4月 5月 **6月** **7月** **8月** 9月 10月 11月 12月

光沢のない黒色で、脚は脛節が黄褐色。海岸の砂地を主な生息地とするが、内陸の河川敷でも草木が生える湿った砂地などで見られる。日中は地中に潜っているが、夜間に現れて活動する。灯火にも飛来する。

## アカガネオオゴミムシ　オサムシ科

体　長：17.5～22.5 mm

分　布：平地 山地 **全域**

出現期：1月 2月 3月 4月 5月 **6月 7月 8月 9月** 10月 11月 12月

銅色光沢があり、個体により紫、黄、緑色を帯びる。前胸背板は横じわを装った窪みがあり、上翅間室は明瞭に隆起している。平地～山地まで幅広く生息する。

## ルイスオオゴミムシ　オサムシ科

体　長：16～18 mm

分　布：**平地** 山地 全域

出現期：1月 2月 3月 4月 5月 **6月 7月 8月 9月** 10月 11月 12月

頭胸部が赤銅色で、上翅は青色を帯びる。触角の第1節がかなり長い。緑地内や谷津田の周辺など、湿度が保たれた環境で見られることが多い。

## オオクロツヤヒラタゴミムシ　オサムシ科

体　長：12.5～17 mm

分　布：平地 山地 **全域**

出現期：1月 2月 3月 4月 5月 **6月 7月 8月 9月** 10月 11月 12月

黒色で、顕著な虹色光沢がある。本種と似たクロツヤヒラタゴミムシよりも、前胸背板中央部が押しつぶされたような扁平形である。市街地周辺でも見られることがある。

## オオズケゴモクムシ　オサムシ科

体　長：12.5～15 mm

分　布：平地 山地 **全域**

出現期：1月 2月 3月 4月 5月 **6月 7月 8月 9月** 10月 11月 12月

ほかのゴモクムシに比べ、頭部が大きい。頭部と前胸は黒色光沢が強く、上翅は淡黄色の毛に薄く覆われる。脚と触角は黄褐色。灯火にもよく飛来する。

## アオゴミムシ　オサムシ科

体　長：13.5～14.5 mm

分　布：平地 山地 **全域**

出現期：1月 2月 3月 4月 5月 **6月 7月 8月 9月 10月** 11月 12月

前胸背板は赤銅色で、上翅が緑色。県内のほぼ全域に生息するが、河川敷や谷津田の周辺など平野部の水辺に多い。冬季は土中や腐朽木の中で集団越冬することが多い。

## オオアトボシアオゴミムシ　オサムシ科

[O]

体　長：15 ～ 17.5 mm

分　布：平地｜山地｜**全域**

出現期：1月｜2月｜3月｜4月｜5月｜**6月**｜**7月**｜**8月**｜**9月**｜10月｜11月｜12月

似た種類が多いが、本種は上翅後方の1対の黄色紋が上翅の縁沿いに繋がって見える。前胸部は赤みが強い。ほかのアトボシアオゴミムシと集団越冬することもある。

## アトボシアオゴミムシ　オサムシ科

[Hi]

体　長：14 ～ 14.5 mm

分　布：平地｜山地｜**全域**

出現期：1月｜2月｜3月｜4月｜5月｜**6月**｜**7月**｜**8月**｜**9月**｜10月｜11月｜12月

頭部と前胸部は緑色の金属光沢がある。暗緑色の上翅後方には1対の黄色紋があり、後方に伸びない。森林内やその周辺に棲息する。灯火にも飛来する。

## キボシアオゴミムシ　オサムシ科

[O]

体　長：12 ～ 13 mm

分　布：平地｜山地｜**全域**

出現期：1月｜2月｜3月｜4月｜5月｜**6月**｜**7月**｜**8月**｜**9月**｜10月｜11月｜12月

アトボシアオゴミムシと酷似するが、小型で、頭部と前胸背板は赤銅光沢が強い。黒褐色の上翅後方には1対の黄色紋があり後方に伸びない。畑地や湿地に多い。

## ヨツボシゴミムシ　オサムシ科

[O]

体　長：10.5 ～ 12 mm

分　布：**平地**｜山地｜全域

出現期：1月｜2月｜3月｜**4月**｜**5月**｜**6月**｜**7月**｜**8月**｜**9月**｜**10月**｜11月｜12月

黒色で上翅には2対の橙黄色紋がある。脚は橙褐色。河川敷やその周辺に多く、湿度を保った朽木内で集団越冬することもある。近年関東地方では減少傾向にある。

## オオヨツボシゴミムシ　オサムシ科

[Ss]

体　長：17 ～ 19 mm

分　布：**平地**｜山地｜全域

出現期：1月｜2月｜3月｜**4月**｜**5月**｜**6月**｜**7月**｜**8月**｜**9月**｜**10月**｜11月｜12月

前種よりも大型で脚は黒い。上翅には2対の鮮かな黄色紋がある。河川敷に多く、湿度を保った朽木の中で越冬する。近年関東地方では減少傾向にある。

## キノコゴミムシ　オサムシ科

体　長：13～15㎜

分　布：平地｜山地｜全域

出現期：1月｜2月｜3月｜4月｜5月｜6月｜7月｜8月｜9月｜10月｜11月｜12月

黒色で、上翅には2対の黄赤色の紋がある美麗種。倒木に生えるキノコ類や、クヌギなどの樹液に集まる。動きが俊敏で、灯火にも飛来する。基本的に山地性だが、一部平地にも見られる。全国的にあまり多くはない。

## ヤホシゴミムシ　オサムシ科

体　長：10～12.5㎜

分　布：平地｜山地｜全域

出現期：1月｜2月｜3月｜4月｜5月｜6月｜7月｜8月｜9月｜10月｜11月｜12月

橙赤色で、上翅後方にクリーム色の丸い紋が4対ある。強く隆起した上翅は半透明で、後翅が透けて見えている。地表で歩行生活するゴミムシが多いのに対し、本種は樹上性で活発に飛び回る。冬季は土中で越冬する。

## シマゲンゴロウ　ゲンゴロウ科

体　長：13～14㎜

分　布：平地｜山地｜全域

出現期：1月｜2月｜3月｜4月｜5月｜6月｜7月｜8月｜9月｜10月｜11月｜12月

上翅には黄褐色の縦筋が入り、付け根付近に1対の紋がある。腹面は赤褐色。平地といっても山麓付近の環境の良い沼地や休耕田などに棲息地が限られている。ほかの昆虫や弱った小魚などを食べる。灯火に飛来する。

## ハイイロゲンゴロウ　ゲンゴロウ科

体　長：12～14㎜

分　布：平地｜山地｜全域

出現期：1月｜2月｜3月｜4月｜5月｜6月｜7月｜8月｜9月｜10月｜11月｜12月

淡黄色で、多数の黒い点刻が入り灰色に見える。上翅後方には黒い横帯が見られる個体が多い。池や沼、水田に多く見られ、富栄養化に強く、大量繁殖することもある。水に浮いた状態からの飛翔が可能である。

# ゲンゴロウ　ゲンゴロウ科

体　長：35 ~ 40 ㎜　ⅠB類

分　布：平地｜山地｜全域

出現期：1月｜2月｜3月｜4月｜5月｜6月｜7月｜8月｜9月｜10月｜11月｜12月

[Ha]

黒色で黄色の縁取りがある。見る角度により緑~赤色に変化して美しい。日本最大のゲンゴロウで、ほかの種類と区別してナミゲンゴロウとも呼ばれる。自然度が高い里山の池や沼に棲息し、弱った魚類などを食べる。農薬散布、愛好家の乱獲、外来魚の捕食などにより激減している。

# オオヒラタエンマムシ　エンマムシ科

[O]

体　長：8.0 ~ 11.3 ㎜

分　布：平地｜山地｜全域

出現期：1月｜2月｜3月｜4月｜5月｜6月｜7月｜8月｜9月｜10月｜11月｜12月

黒色で強い光沢がある。外見は扁平で、鋭く尖った大顎を持つ。倒木の樹皮下や朽木で見られ、ほかの昆虫を捕食したり樹液にもやってくる。棲息環境の影響か、ダニをつけていることが多い。成虫で越冬する。

# オオモモブトシデムシ　シデムシ科

[O]

体　長：15 ~ 28 ㎜

分　布：平地｜山地｜全域

出現期：1月｜2月｜3月｜4月｜5月｜6月｜7月｜8月｜9月｜10月｜11月｜12月

全身黒色で、触角の先端3節のみが赤褐色。後脚の腿節が太い。上翅は艶消し状で、3本の縦隆条がある。オスは後脚の腿節がメスより太く、脛節は強く湾曲する。小動物などの死骸に集まりハエの幼虫を食べる。

## オオヒラタシデムシ　シデムシ科

[O]

体　長：18～23㎜

分　布：平地 山地 全域

出現期：1月 2月 3月 4月 5月 6月 7月 8月 9月 10月 11月 12月

やや青みを帯びた黒色で、縦隆条がある上翅には細かい点刻があり灰色に見える。成虫、幼虫ともに生き物の死骸を食べ、ミミズなど柔らかいものを好む。シデムシの仲間では最も普通に見られる。

## ヨツボシモンシデムシ　シデムシ科

[O]

体　長：13～21㎜

分　布：平地 山地 全域

出現期：1月 2月 3月 4月 5月 6月 7月 8月 9月 10月 11月 12月

黒色で、上翅に鮮やかな橙赤色の太い帯が2本ある。また頭頂部には赤い紋がある。平地から山地まで広く分布し、動物の死骸に集まる。メスは腐肉を土中に埋めて卵を産み、幼虫を育てる珍しい習性がある。

## ヒメデオキノコムシ　ハネカクシ科

[O]

体　長：5～6㎜

分　布：平地 山地 全域

出現期：1月 2月 3月 4月 5月 6月 7月 8月 9月 10月 11月 12月

黒色で、上翅の2対の斑紋は色褪せた黄～黄白色。森林内の立枯れや倒木に発生する多孔菌上に集まり、胞子を食べる。新鮮で、盛んに胞子を放出しているキノコを好む。個体数は多く、普通に見られる。

## ヘリアカデオキノコムシ　ハネカクシ科

[Ku]

体　長：4.9～5.8㎜

分　布：平地 山地 全域

出現期：1月 2月 3月 4月 5月 6月 7月 8月 9月 10月 11月 12月

写真のように赤色で前胸に1対、上翅に3対（中央紋は太い）の黒紋がある型から、黒色で上翅に2対の赤紋がある型まで連続的に変異する。山地で見られ、キノコなどの菌類を食べる。あまり多くはない。

## ミヤマクワガタ　クワガタムシ科

体　長：♂ 43 ～ 79 mm・♀ 25 ～ 43mm
分　布：平地｜山地｜全域
出現期：1月｜2月｜3月｜4月｜5月｜6月｜7月｜8月｜9月｜10月｜11月｜12月

[Ha]

雌雄ともに赤褐色～黒褐色で、全体的に金色の微毛を持つ。平地でも山麓付近の里山には棲息する。7月に個体数が増し、クヌギやコナラ、ヤナギなど広葉樹の樹液に集まり、昼夜活動する。幼虫は朽木の根部や地中の倒木内を食べ進み、蛹室は朽木内から脱出して土中に造る。

## ルリクワガタ　クワガタムシ科

体　長：♂ 9 ～ 14 mm・♀ 8 ～ 13mm
分　布：平地｜山地｜全域
出現期：1月｜2月｜3月｜4月｜5月｜6月｜7月｜8月｜9月｜10月｜11月｜12月

[Ku]

オスは緑藍～青藍色、メスは銅色が普通だが、黒紫色の個体も見られる。大顎は小さく、脚部は赤黄色の部分が多い。標高の高い山地に棲息し、幼虫は立枯れや太い倒木内に見られる。蛹室はそのまま朽木内に造る。

## コルリクワガタ　クワガタムシ科

体　長：♂ 8.5 ～ 13 mm・♀ 8 ～ 12mm
分　布：平地｜山地｜全域
出現期：1月｜2月｜3月｜4月｜5月｜6月｜7月｜8月｜9月｜10月｜11月｜12月

[Ku]

ルリクワガタに似るが、オスはやや青みがかり、メスの腹面は橙赤色である。オスの大顎はルリクワガタの5分の3ほどしかなく、雌雄とも前胸背板の後角には突起がある。幼虫や蛹は湿度の高い朽木の中に見られる。

## ノコギリクワガタ　クワガタムシ科

体　長：♂ 32 ～ 74 mm・♀ 25 ～ 38mm
分　布：平地 山地 全域
出現期：1月 2月 3月 4月 5月 6月 7月 8月 9月 10月 11月 12月

雌雄ともに赤褐色だが、稀に黒い個体も見られる。オスの大顎は大きく湾曲し、小型になるにつれ湾曲は弱まり内歯がのこぎり状となる。7月に増え、クヌギやコナラ、ヤナギなど広葉樹の樹液に集まる。幼虫は朽木の根部や地中の倒木内を食べ進み、蛹室は朽木内から出て土中に造る。

## アカアシクワガタ　クワガタムシ科

体　長：♂ 25 ～ 58 mm・♀ 29 ～ 38mm
分　布：平地 山地 全域
出現期：1月 2月 3月 4月 5月 6月 7月 8月 9月 10月 11月 12月

[O]

雌雄ともに黒色で、若干の赤みを帯びつやがある。やや昼行性で、高標高地のヤナギ上でよく活動している。幼虫や蛹室は、広葉樹の軟らかい朽木内に見られる。

## オニクワガタ　クワガタムシ科

体　長：♂ 17 ～ 26 mm・♀ 16 ～ 23mm
分　布：平地 山地 全域
出現期：1月 2月 3月 4月 5月 6月 7月 8月 9月 10月 11月 12月

[Ku]

雌雄ともに黒色で、メスにはつやがある。オスの大顎は短く上向きに湾曲する。高標高地に棲息し、樹液には集まらない。幼虫や蛹室は、湿った軟らかい朽木内で見られる。

# オオクワガタ　クワガタムシ科

体　長：♂ 28 ～ 77 ㎜・♀ 26 ～ 49㎜　Ⅱ類

分　布：平地｜山地｜全域

出現期：1月｜2月｜3月｜4月｜5月｜6月｜7月｜8月｜9月｜10月｜11月｜12月

[Ha]

黒色で、オスは大顎に1対の大きな内歯を持ち、中型では横方、大型では前方を向く。メスと小型のオスは光沢が強く、上翅に点刻列を持つ。成虫は広葉樹の樹液を吸い、日中は樹洞に潜んで滅多に姿を現さない。長命で環境が整えば越冬できる。幼虫は白色腐朽した太い立枯れなどで成長し、蛹室を造る。かつては黒いダイヤと呼ばれクワガタブームの先駆けとなったが、近年は繁殖法の確立と放虫が進み、天然個体の証明が難しくなった。1980 年代初頭までに採集された本種の標本は貴重である。

## ヒメオオクワガタ　クワガタムシ科

[Ku]

体　長：♂ 28 ～ 58 ㎜・♀ 28 ～ 43㎜
分　布：平地｜山地｜全域
出現期：1月｜2月｜3月｜4月｜5月｜6月｜7月｜8月｜9月｜10月｜11月｜12月

雌雄ともに黒色で艶消し状。オスは大顎に1対の大きな内歯を持ち、前方に突起する。8～9月が活動のピークで、高標高地のヤナギなどにつく。幼虫は堅く朽ちたブナの大木内で成長し、蛹室を造る。少ない。

## スジクワガタ　クワガタムシ科

[O]

体　長：♂ 14 ～ 39 ㎜・♀ 14 ～ 24㎜
分　布：平地｜山地｜全域
出現期：1月｜2月｜3月｜4月｜5月｜6月｜7月｜8月｜9月｜10月｜11月｜12月

黒色だが地域により褐色化する。メスと小型のオスは上翅に鮮明な点刻列がある。オスの大顎の内歯は、2歯が複合したような形状で突起し、小型になるにつれ不明瞭になる。幼虫は広葉樹の湿った朽木内で見られる。

## コクワガタ　クワガタムシ科

分　布：平地｜山地｜全域
体　長：♂ 20 ～ 53 ㎜・♀ 17 ～ 32㎜
出現期：1月｜2月｜3月｜4月｜5月｜6月｜7月｜8月｜9月｜10月｜11月｜12月

[O]　[O]　[Hi]

黒色～黒褐色。オスは大顎中央から先端寄りに1対の小内歯を持ち、小型個体は消失する。メスは前胸背板にやや光沢があり、上翅には点刻列がある。成虫は環境が整えば越冬できる。幼虫は様々な広葉樹の朽木内で成長し、蛹になる。個体数が多く、最も身近なクワガタムシである。

## センチコガネ　センチコガネ科

体　長：14 ～ 20 ㎜
分　布：平地｜山地｜全域
出現期：1月｜2月｜3月｜4月｜5月｜6月｜7月｜8月｜9月｜10月｜11月｜12月

[So]

紫、藍、金などの鈍い金属光沢がある。頭部前縁が前方に短く、緩やかに弧を描く。獣の糞や死骸、キノコなどを食べる糞虫で、雪隠（せっちん）が和名の由来。

## オオセンチコガネ　センチコガネ科

体　長：16 ～ 22 ㎜
分　布：平地｜山地｜全域
出現期：1月｜2月｜3月｜4月｜5月｜6月｜7月｜8月｜9月｜10月｜11月｜12月

[O]

赤褐色や赤紫色で、強い金属光沢がある。センチコガネより頭部前縁が前方に長く出る。獣の糞や死骸を食べる。メスは糞の下に穴を掘り、そこに糞を詰めて産卵する。

## ダイコクコガネ　コガネムシ科

体　長：20 ～ 32 ㎜
分　布：平地｜山地｜全域
出現期：1月｜2月｜3月｜4月｜5月｜6月｜7月｜8月｜9月｜10月｜11月｜12月

[So]

日本最大の糞虫。黒色で鈍い光沢がある。上翅には点刻列が入り、腹面には毛が生える。オスの頭部には上向きに１本の角が生え、前胸にも前向きの角が並ぶ。成虫は、餌となる草食動物の糞を竪穴の中に運んで球をつくり、産卵、管理する。山地や丘陵の牧場で見られるが少ない。

## アラメエンマコガネ　コガネムシ科

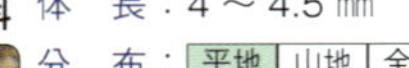

体　長：4～4.5 mm

分　布：**平地**｜山地｜全域

出現期：1月｜2月｜3月｜**4月**｜**5月**｜**6月**｜**7月**｜**8月**｜**9月**｜10月｜11月｜12月

黒色で光沢は鈍い。オスは頭部後方に細く短く真上に伸びる小角状突起がある。メスは頭頂に1横隆条があるのみ。海浜の砂浜に棲息し、獣や人の糞に集まる。

[Ss]

## クロマルエンマコガネ　コガネムシ科

[O]

体　長：6.5～10 mm

分　布：平地｜山地｜**全域**

出現期：1月｜2月｜3月｜**4月**｜**5月**｜**6月**｜**7月**｜**8月**｜**9月**｜10月｜11月｜12月

黒色で光沢は弱い。オスの前胸背板は左右と前方中央部に隆起がある。上翅間室の点刻が強く密である。獣糞や腐肉、腐敗した野菜、キノコなどを食べる。

## カドマルエンマコガネ　コガネムシ科

[O]

体　長：6～12 mm

分　布：平地｜山地｜**全域**

出現期：1月｜2月｜3月｜4月｜5月｜**6月**｜**7月**｜**8月**｜**9月**｜10月｜11月｜12月

黒色でやや光沢がある。前胸背板の左右に2つの突起があり、上翅には縦隆条がある。牧場などの開けた場所を好み、ウシやウマ、シカ、イヌなどの獣糞を食べる。

## ヒメアシナガコガネ　コガネムシ科

[O]

体　長：6.5～10 mm

分　布：平地｜山地｜**全域**

出現期：1月｜2月｜3月｜4月｜**5月**｜**6月**｜**7月**｜**8月**｜9月｜10月｜11月｜12月

薄黄色や褐色の鱗片で覆われ、黒色の細い縦筋模様が入る。変異があり、全身が黒っぽい個体も現れる。日中、花上に多数集まり、幼虫は牧草や芝の根を食べる。

## アシナガコガネ　コガネムシ科

[O]

体　長：5.5～9.5 mm

分　布：平地｜山地｜**全域**

出現期：1月｜2月｜3月｜**4月**｜**5月**｜**6月**｜7月｜8月｜9月｜10月｜11月｜12月

やや緑みを帯びた淡黄色で、弱い光沢がある。後脚が太くて長い。日中、花上に多数集まり、幼虫は草の根を食べる。現在のところ日本特産種である。

## ビロウドコガネ　コガネムシ科

体　長：8～9.5㎜
分　布：平地｜山地｜全域
出現期：1月｜2月｜3月｜4月｜5月｜6月｜7月｜8月｜9月｜10月｜11月｜12月

黒色～暗赤褐色をしたビロード状の薄毛で覆われ、上翅には細かな縦筋が入る。林縁や草原などで見られ、成虫は草木の葉を、幼虫は根を食べる。灯火に飛来する。

## クロコガネ　コガネムシ科

体　長：17～22㎜
分　布：平地｜山地｜全域
出現期：1月｜2月｜3月｜4月｜5月｜6月｜7月｜8月｜9月｜10月｜11月｜12月

黒色で鈍い光沢がある。前胸背板の点刻は荒く、前縁の毛は目立たない。上翅には縦隆条がある。成虫は広葉樹の葉を、幼虫は根を食べる。夜間林内を活発に飛ぶ。

## コフキコガネ　コガネムシ科

体　長：25～32㎜
分　布：平地｜山地｜全域
出現期：1月｜2月｜3月｜4月｜5月｜6月｜7月｜8月｜9月｜10月｜11月｜12月

大型で背面は黄灰色の短剛毛で覆われている。オスの触角は片状部が大きく発達し、メスは小さい。日中は樹上で広葉樹の葉を食べ、夜間は灯火によく飛来する。

## シロスジコガネ　コガネムシ科

体　長：24～32㎜
分　布：平地｜山地｜全域
出現期：1月｜2月｜3月｜4月｜5月｜6月｜7月｜8月｜9月｜10月｜11月｜12月

大型で暗赤褐色。前胸背板と上翅の白色鱗片が縦筋を描く。オスの触角は大きく発達している。沿岸部で成虫はマツ類の葉を、幼虫は根を食べる。近年減少している。

## カブトムシ　コガネムシ科

体　長：♂ 30 ～ 55 ㎜・♀ 30 ～ 52㎜

分　布：平地｜山地｜全域

出現期：1月｜2月｜3月｜4月｜5月｜6月｜7月｜8月｜9月｜10月｜11月｜12月

[Ha]

大型の甲虫で、クワガタムシと並び子供たちの人気の的である。オスの頭部と胸部には大小の角があり、餌場やメスの奪い合いに使われる。角の大きさは体格に比例するが、幼虫時代の栄養状態と遺伝によって決まってくる。成虫は昼夜活動しており、夜間になると大変活発になる。クヌギやコナラなどの広葉樹の幹を徘徊し、口にある褐色の毛に樹液を染み込ませ、舐めるように吸いとる。交尾を終えたメスは、腐葉土や堆肥に潜り込み、数回に分けて1つずつ卵を産む。2～3㎜の楕円形の卵は、

やがて4～5㎜の球形に膨らみ、およそ2週間で孵化する。孵化後の初齢幼虫は体長7～8㎜ほどで、腐葉土や軟らかい朽木を食べながら成長し、晩秋には10cmほどの3齢（終齢）幼虫となり、そのまま越冬する。4～6月になると、充分に成長した3齢幼虫は、体の分泌液や糞を塗り固めて縦長の蛹室を造り、そこで蛹になる。この段階でオスには角が現れる。初めは白いが、橙色、茶色を経て、頭部や脚が黒ずんでくる。初夏の頃に羽化し、体が硬くなると地上に出て活動する。

## コカブト　コガネムシ科

体　長：18 ～ 24 ㎜
分　布：平地｜山地｜全域
出現期：1月｜2月｜3月｜4月｜5月｜6月｜7月｜8月｜9月｜10月｜11月｜12月

[So]

黒色でやや光沢がある。雌雄とも頭部に小さな角状突起を一本持つが、オスのほうが大きい。前胸背板の窪みは、オスが広くメスは細長い。雑木林で昆虫の死骸などを食べる。

## マメコガネ　コガネムシ科

体　長：8 ～ 15 ㎜
分　布：平地｜山地｜全域
出現期：1月｜2月｜3月｜4月｜5月｜6月｜7月｜8月｜9月｜10月｜11月｜12月

[O]

強い金属光沢を持ち、頭部、前胸は緑色で、上翅が茶色～緑色。林縁や畑、荒れ地などの葉上で普通に見られる。マメ科植物やブドウ類などを食い荒らす害虫である。

## コイチャコガネ　コガネムシ科

体　長：9.5 ～ 12 ㎜
分　布：平地｜山地｜全域
出現期：1月｜2月｜3月｜4月｜5月｜6月｜7月｜8月｜9月｜10月｜11月｜12月

[O]

茶褐色で灰黄色の微毛が生えている。成虫はクヌギ、コナラなどのブナ科植物の葉をよく食べる。幼虫は植物の根を食べる。個体数も多く普通種である。

## コガネムシ　コガネムシ科

体　長：17 ～ 24 ㎜
分　布：平地｜山地｜全域
出現期：1月｜2月｜3月｜4月｜5月｜6月｜7月｜8月｜9月｜10月｜11月｜12月

[O]

緑色の金属光沢が強く、赤紫、黒紫色の個体も現れる。雑木林の周辺で普通に見られ、サクラ、クヌギなど多くの広葉樹の葉を食べる。幼虫は植物の根を食べる。

## ヒメスジコガネ　コガネムシ科

[O]

体　長：13～20㎜
分　布：平地｜山地｜**全域**
出現期：1月｜2月｜3月｜4月｜5月｜6月｜7月｜8月｜9月｜10月｜11月｜12月

緑色で金属光沢がある。頭部前縁と前胸背の側縁沿いは黄褐色。イタドリ、ノブドウ、ヤマハンノキなどの葉を食べ、幼虫は植物の根を食べる。山地のほうが多い。

## ヒラタアオコガネ　コガネムシ科

[O]

体　長：9.5～12㎜
分　布：**平地**｜山地｜全域
出現期：1月｜2月｜3月｜4月｜5月｜6月｜7月｜8月｜9月｜10月｜11月｜12月

緑色で金属光沢がある。上翅には4本ずつの縦隆条があり、前胸背板と腹面に長い毛が生えている。イタドリやアジサイの葉を好む。幼虫は芝の根などを食べる。

## スジコガネ　コガネムシ科

[O]

体　長：15～20㎜
分　布：平地｜山地｜**全域**
出現期：1月｜2月｜3月｜4月｜5月｜6月｜7月｜8月｜9月｜10月｜11月｜12月

黄褐色から緑色で、光沢は鈍く、前胸背板中央が浅く窪む。上翅には4本ずつの縦隆条がある。成虫は針葉樹の葉を、幼虫は根を食べる。夜間灯火に飛来する。

## アオドウガネ　コガネムシ科

[O]

体　長：17～22㎜
分　布：平地｜山地｜**全域**
出現期：1月｜2月｜3月｜4月｜5月｜6月｜7月｜8月｜9月｜10月｜11月｜12月

緑色で鮮やかな光沢を持つ。成虫は広葉樹の葉を食害し、幼虫は植物の根や腐葉土を食べる。関東以南で最も普通に見られるコガネムシである。灯火によく飛来する。

## ドウガネブイブイ　コガネムシ科

[O]

体　長：17～25㎜
分　布：平地｜山地｜**全域**
出現期：1月｜2月｜3月｜4月｜5月｜6月｜7月｜8月｜9月｜10月｜11月｜12月

暗銅色。成虫は各種広葉樹の葉を食べ、ブドウやウメの害虫として有名。幼虫は植物の根や腐葉土を食べる。襲われると茶色の排泄物を出す。灯火によく飛来する。

## ヤマトアオドウガネ　コガネムシ科

[O]

体　長：17～25 mm
分　布：**平地** 山地 全域
出現期：1月 2月 3月 4月 5月 **6月** **7月** 8月 9月 10月 11月 12月

南方系のアオドウガネと酷似するが、本種のほうが尾節板が長く毛が少ない。成虫は広葉樹の葉を、幼虫は植物の根を食べる。北進するアオドウガネに駆逐されている。

## ヒメコガネ　コガネムシ科

[O]

体　長：12.5～16.5 mm
分　布：平地 山地 **全域**
出現期：1月 2月 3月 4月 5月 **6月** **7月** 8月 9月 10月 11月 12月

金属光沢があり、緑色の個体が多いが、赤色、紺色などの体色変異に富む。マメ類、ブドウ類、クリなど様々な植物の葉を食害する。幼虫は植物の根を食べて育つ。

## ツヤコガネ　コガネムシ科

[O]

体　長：14～18 mm
分　布：平地 山地 **全域**
出現期：1月 2月 3月 4月 5月 **6月** **7月** **8月** 9月 10月 11月 12月

光沢が強く、緑色、黄褐色など変異に富む。サクラコガネに似るが、本種は前胸背板の前方に弱い縦溝がある。成虫は落葉広葉樹の葉を、幼虫は針葉樹の根を食べる。

## サクラコガネ　コガネムシ科

[O]

体　長：15.5～21 mm
分　布：平地 山地 **全域**
出現期：1月 2月 3月 4月 5月 **6月** **7月** **8月** 9月 10月 11月 12月

光沢があり、上翅は緑銅色～黄褐色まで変異する。ツヤコガネに似るが、本種は前胸背板の前方に縦溝がない。成虫は落葉広葉樹の葉を、幼虫は各種植物の根を食べる。

## セマダラコガネ　コガネムシ科

[O]

体　長：8～13.5 mm
分　布：平地 山地 **全域**
出現期：1月 2月 3月 4月 5月 **6月** **7月** **8月** 9月 10月 11月 12月

背面にまだら模様を持つ。変異が大きく、写真のような黒化した個体も出現する。オスの触角は片状部が発達する。成虫は落葉広葉樹の葉を、幼虫は各種植物の根を食べる。

## ウスチャコガネ　コガネムシ科

体　長：7～9.5 mm

分　布：平地｜山地｜全域

出現期：1月｜2月｜3月｜4月｜5月｜6月｜7月｜8月｜9月｜10月｜11月｜12月

体は黒色で、上翅は黄褐色、ときに黒色。メスでは前胸背板が黄褐色になるものがある。グラウンドや河川敷など、草がまばらに生えるような場所に見られる。成虫は低いところを蜂のように飛翔する。幼虫は芝生の害虫。

[O]

## キスジコガネ　コガネムシ科

体　長：8～11.5 mm

分　布：平地｜山地｜全域

出現期：1月｜2月｜3月｜4月｜5月｜6月｜7月｜8月｜9月｜10月｜11月｜12月

色彩は光沢のある緑色～赤銅色～褐色と変異が多い。上翅は黒緑色で、中央は縦に黄褐色。成虫は春から初夏に現れ、山の広葉樹上で見られるほか、草丈の低いスキー場などでも見られる。昼間の晴天時によく飛翔する。

[O]

## ヒラタハナムグリ　コガネムシ科

体　長：5.7～6.3 mm

分　布：平地｜山地｜全域

出現期：1月｜2月｜3月｜4月｜5月｜6月｜7月｜8月｜9月｜10月｜11月｜12月

体は平たく、黒色で、黄灰色の鱗片による不定形の斑紋がある。極めて普通の種で、オスは春から夏にかけて種々の花に集まるが、ハルジオンやミズキなど、白い花に特に多い。メスは朽木の中にいて花にはこない。

[O]

## カナブン　コガネムシ科

体　長：23～32 mm

分　布：平地｜山地｜全域

出現期：1月｜2月｜3月｜4月｜5月｜6月｜7月｜8月｜9月｜10月｜11月｜12月

色彩は銅色、赤褐色、緑色、藍色と変異が多い。緑色の個体はアオカナブンに似るが、後肢の付け根（基節）が左右に離れるので区別は容易。クヌギやコナラなどの樹液に集まるほか、モモやトマトなどの熟果にも集まる。

[Ko]

## アオカナブン　コガネムシ科

体　長：27～32㎜
分　布：平地 | **山地** | 全域
出現期：1月 2月 3月 4月 5月 6月 **7月** **8月** 9月 10月 11月 12月

[O]

色彩は美しい明緑色で、最美麗甲虫の一つ。カナブンより細身で慣れればすぐに見分けがつく。成虫は昼間クヌギやコナラ、カシ、ヤナギなどの樹液に集まる。

## クロカナブン　コガネムシ科

体　長：26～33㎜
分　布：平地 | 山地 | **全域**
出現期：1月 2月 3月 4月 5月 6月 **7月** **8月** **9月** 10月 11月 12月

[Ko]

色彩は光沢の強い美しい黒色。成虫の出現はほかのカナブンより遅い。カナブンが電灯に飛んできたとよく聞くが、本種を含めカナブンやハナムグリは灯火には飛来しない。

## ムラサキツヤハナムグリ　コガネムシ科

体　長：21～27㎜
分　布：平地 | 山地 | **全域**
出現期：1月 2月 3月 4月 **5月** **6月** **7月** **8月** 9月 10月 11月 12月

[O]

色彩は光沢のある赤銅色ないし紫銅色。前胸背板と上翅には白斑がまばらに散布する。主に平地から低山地に生息し、クヌギやコナラの樹液、クリの花などに集まる。

## シラホシハナムグリ　コガネムシ科

体　長：20～26㎜
分　布：平地 | 山地 | **全域**
出現期：1月 2月 3月 4月 **5月** **6月** **7月** **8月** **9月** **10月** 11月 12月

[O]

色彩は紫銅色から暗銅色、やや光沢がある。前胸背板と上翅には白斑がある。成虫は昼間クヌギなどの樹液に集まる。頭部の先端は平らで凹まない。成虫で越冬する。

## シロテンハナムグリ　コガネムシ科

体　長：20～27 mm
分　布：平地 山地 **全域**
出現期：1月 2月 3月 4月 **5月 6月 7月 8月 9月 10月** 11月 12月

[O]

色彩は光沢のある銅色、赤銅色、緑銅色と変異がある。成虫は昼間クヌギなどの樹液に集まるほか、花にも集まる。頭部の先端は中央部が凹む。幼虫と成虫で越冬する。

## アカマダラハナムグリ　コガネムシ科

体　長：15～22 mm
分　布：平地 山地 **全域**
出現期：1月 2月 3月 4月 **5月 6月 7月 8月 9月** 10月 11月 12月

[O]

色彩は赤褐色で黒色紋を散在し、ろう状の光沢がある。以前はアカマダラコガネと呼ばれていた。クヌギやコナラの樹液に集まるが、盛夏には少ない。成虫で越冬する。

## クロハナムグリ　コガネムシ科

体　長：12.5～15.5 mm
分　布：平地 山地 **全域**
出現期：1月 2月 3月 4月 5月 **6月 7月 8月** 9月 10月 11月 12月

[O]

背面は光沢のない黒色で、乳色紋がある。成虫は昼間各種の、主に白い花に集まる。晩夏から秋口に新成虫が羽化するので、11月に見られることもある。成虫で越冬する。

## ハナムグリ　コガネムシ科

体　長：16～19.5 mm
分　布：平地 山地 **全域**
出現期：1月 2月 3月 4月 **5月 6月 7月 8月 9月 10月** 11月 12月

[O]

背面は光沢のない緑色、白色斑を散布する。腹面は白い毛が密生する。最近はナミハナムグリと呼ばれることが多い。成虫は花に集まるほか、樹液にもくることがある。

## アオハナムグリ　コガネムシ科

体　長：16～21㎜
分　布：平地｜山地｜全域
出現期：1月｜2月｜3月｜4月｜5月｜6月｜7月｜8月｜9月｜10月｜11月｜12月

[O]

背面の色彩は光沢のない濃緑色。体下面、肢などは赤銅色。ミズキ、ウツギ、ガマズミ、ノリウツギなどの主に白い花に集まるほか、クヌギ、コナラなどの樹液にもくる。

## コアオハナムグリ　コガネムシ科

体　長：13～15㎜
分　布：平地｜山地｜全域
出現期：1月｜2月｜3月｜4月｜5月｜6月｜7月｜8月｜9月｜10月｜11月｜12月

[Hi]

背面は光沢のない緑色、赤褐色、黒色と変異がある。下面は黒色。最も普通のハナムグリで、市街地でも見られる。各種の花に集まるが、盛夏には少ない。成虫越冬。

## オオトラフコガネ　コガネムシ科

体　長：14～17㎜
分　布：平地｜山地｜全域
出現期：1月｜2月｜3月｜4月｜5月｜6月｜7月｜8月｜9月｜10月｜11月｜12月

[Hi]

体は黒色。前胸背板、上翅の模様はオスとメス、あるいは個体間により相当変異がある。最近はオオトラフハナムグリと呼ばれる。成虫はノリウツギなど白い花に集まる。

## ムネアカクシヒゲムシ　ホソクシヒゲムシ科

体　長：9～17㎜
分　布：平地｜山地｜全域
出現期：1月｜2月｜3月｜4月｜5月｜6月｜7月｜8月｜9月｜10月｜11月｜12月

[Ku]

胸部は赤褐色で上翅は黒色。全身が黒色化、赤色化する個体もいる。写真はメスでオスの触角はさらに長い櫛歯状となる。自然度の高い森林に棲息し、詳しい生態は不明。

# タマムシ　タマムシ科

体　長：25 ～ 40 ㎜　準絶

分　布：平地｜山地｜全域

出現期：1月｜2月｜3月｜4月｜5月｜6月｜7月｜8月｜9月｜10月｜11月｜12月

[Ko]　[Ku]

日本に棲息する最も大型のタマムシ。金緑色に輝き、前胸背板に２本、上翅２枚に１本ずつ赤紫色の縦帯紋を有する美麗種である。古くから知られた昆虫で、優美な上翅は工芸品にも利用されてきた。玉虫厨子（たまむしのずし）は有名である。山地の自然林から平地の里山林まで幅広く分布し、屋敷林や社寺林のエノキ、ケヤキなどの古木からも発生する。成虫はこれらの生葉を食べ、幼虫は幹の奥深くに楕円形の孔を開けながら食べ進む。日中は、発生木周辺の高所をよく飛び回る。

## ウバタマムシ　タマムシ科

体　長：24～40㎜

分　布：平地｜山地｜全域

出現期：1月｜2月｜3月｜4月｜5月｜6月｜7月｜8月｜9月｜10月｜11月｜12月

[O]

金銅色で、まれにやや緑色を帯びる。生時には全身が黄色っぽい粉で薄く覆われる。マツ林で見られ、幼虫はマツ類の衰弱部や枯れた部分のほか、カミキリムシの幼虫なども食べ、成虫になるのに３年ほどを要する。成虫は越冬できる。建築製材の害虫で有名だが、近年減少傾向にある。

## アオマダラタマムシ　タマムシ科

体　長：16～29㎜

Ⅱ類

分　布：平地｜山地｜全域

出現期：1月｜2月｜3月｜4月｜5月｜6月｜7月｜8月｜9月｜10月｜11月｜12月

[Ko]
[O]

タマムシ、ウバタマムシに次いで大型のタマムシである。金緑色で、橙色、赤色を帯びる個体もいる。上翅は縦隆条が細長く強調され、特徴的な２対の丸型陥没紋を有し、側縁の鋸歯状が目立つ。主に西日本型で、北関東地域では少なく、里山林や社寺林などに局所的に分布している。成虫はアオハダ、クロガネモチ、オガタマノキ、ツゲなどの衰弱木や新しい立枯れに飛来して交尾、産卵する。幼虫はこれらの材を食べて成長する。

## アオタマムシ　タマムシ科

体　長：16～28㎜

分　布：平地｜山地｜全域

出現期：1月｜2月｜3月｜4月｜5月｜6月｜7月｜8月｜9月｜10月｜11月｜12月

明るい緑色で、強い金属光沢を持つ。上翅の両側は金色～金赤色を帯びるものが多い。日中に活動し、快晴時には高所を飛翔している。成虫はブナ類の葉を食べ、幼虫は主にモミの立枯れ内で育つため、棲息地は自然度の高い森林に限定される。全国的に少なく、茨城県では極めてまれである。

[Ku]

## クロタマムシ　タマムシ科

体　長：11～22㎜

分　布：平地｜山地｜全域

出現期：1月｜2月｜3月｜4月｜5月｜6月｜7月｜8月｜9月｜10月｜11月｜12月

黒色、唐金色ないし銅色の光沢があるが、まれに緑色、青色を帯びる。頭部～前胸背部には刻点が密にあり、上翅には明瞭な条線がある。オスは頭部正面に朱色斑紋があり、前脛節末端内側に鉤状の突起がある。マツ類、モミ類など針葉樹の枯れ木につき、幼虫はこの中で育つ。山地から沿岸部まで分布は幅広い。

[O]

## マスダクロホシタマムシ　タマムシ科

体　長：6～13㎜

分　布：平地｜山地｜全域

出現期：1月｜2月｜3月｜4月｜5月｜6月｜7月｜8月｜9月｜10月｜11月｜12月

金色～赤橙色、青緑色の金属光沢があり、上翅や前胸には黒紋がある。小型だが美麗種。スギやヒノキの害虫としてよく知られ、成虫はこれらの葉や枝を摂食後に交尾し、樹皮の隙間や傷んだ箇所から産卵する。幼虫は樹皮下を食べて成長し、材内で越冬した後、4月頃に蛹化、5月頃に羽化脱出する。

## シロオビナカボソタマムシ　タマムシ科

体　長：6～9㎜
分　布：平地 **山地** 全域
出現期：1月 2月 3月 4月 **5月 6月 7月** 8月 9月 10月 11月 12月

[O]

金銅色から紫銅色の金属光沢があり、上翅に数本の白い筋が入ったタマムシ。雑木林の林縁に生えるキイチゴ類の葉上で見られる。翅端は棘状の突起がある。

## ケヤキナガタマムシ　タマムシ科

体　長：8～11㎜
分　布：平地 山地 **全域**
出現期：1月 2月 3月 4月 5月 **6月 7月 8月** 9月 10月 11月 12月

[O]

上翅は黒色で前胸背板は赤銅色に輝く。体下面は明るい金銅色、上翅端は鋭く尖る。ケヤキなどの枯れ枝や伐倒木に集まり、幼虫はケヤキの材部を食べる。

## シラホシナガタマムシ　タマムシ科

体　長：10～13㎜
分　布：平地 山地 **全域**
出現期：1月 2月 3月 4月 5月 **6月 7月 8月** 9月 10月 11月 12月

[O]

メタリックグリーンが美しく上翅には白点がある。上翅端は尖る。オオムラサキなどがいる林のエノキの薪や切り取った枝などで見られるが数は少ない。

## コガネナガタマムシ　タマムシ科

体　長：7～9㎜
分　布：平地 山地 **全域**
出現期：1月 2月 3月 4月 5月 **6月 7月** 8月 9月 10月 11月 12月

[Ku]

体上面は金銅色で上翅は赤みを帯びるが青色、緑色などの変化がある。上翅には白色の微毛による白斑がある。成虫は各種の樹の枯れ枝や伐倒木に集まる。

## クロナガタマムシ　タマムシ科

体　長：10～15㎜
分　布：平地｜山地｜**全域**
出現期：1月｜2月｜3月｜4月｜5月｜**6月**｜**7月**｜8月｜9月｜10月｜11月｜12月

[O]

体上面の色彩は産地により変化がある。前胸背板は銅色から黒色で、上翅は黒色から銅緑色、青銅色。上翅端は丸い。クヌギ、コナラなどの枯れ木や葉上で見られる。

## ヒシモンナガタマムシ　タマムシ科

体　長：6～8㎜
分　布：平地｜山地｜**全域**
出現期：1月｜2月｜3月｜4月｜5月｜**6月**｜**7月**｜**8月**｜**9月**｜10月｜11月｜12月

[O]

体上面は明るい金銅色で頭部、前胸背面は濃色になる。体下面は金銅色、上翅にはひし形紋がある。エノキ、ケヤキなどの葉上や枯れ枝、伐倒木に集まる。

## サビキコリ　コメツキムシ科

体　長：12～16㎜
分　布：平地｜山地｜**全域**
出現期：1月｜2月｜3月｜4月｜**5月**｜**6月**｜**7月**｜**8月**｜**9月**｜**10月**｜11月｜12月

[O]

体は黒色で口、触角、脚は暗褐色。背面は褐色の鱗毛で覆われるが、ときに灰白色の斑紋を持つことがある。成虫は樹液に集まり、夜間灯火にも飛来する。

## ヒゲコメツキ　コメツキムシ科

体　長：24～30㎜
分　布：平地｜山地｜**全域**
出現期：1月｜2月｜3月｜4月｜**5月**｜**6月**｜**7月**｜**8月**｜9月｜10月｜11月｜12月

[O]

体は赤褐色から暗褐色、上翅には微毛による斑紋がある。オスはひげ状のりっぱな触角を持つがメスは鋸歯状になる。樹木の葉上にいて小昆虫などを捕食する。

## ウバタマコメツキ　コメツキムシ科

体　長：22 ～ 30 mm
分　布：平地｜山地｜全域
出現期：1月｜2月｜3月｜4月｜5月｜6月｜7月｜8月｜9月｜10月｜11月｜12月

体は黒色で灰白色や黄褐色の鱗毛が混じり合う大きなコメツキムシ。成虫はマツの立ち枯れに集まり、幼虫はマツの朽ち木の中でほかの昆虫の幼虫などを食べて育つ。

## オオクシヒゲコメツキ　コメツキムシ科

体　長：21 ～ 33 mm
分　布：平地｜山地｜全域
出現期：1月｜2月｜3月｜4月｜5月｜6月｜7月｜8月｜9月｜10月｜11月｜12月

体は黒褐色で背面には黄褐色の毛を密生する。オスの触角はひげ状でメスは鋸歯状になる。上翅端は鈍く尖る。成虫はクヌギなどの樹液や枯れ木、灯火に集まる。

## シモフリコメツキ　コメツキムシ科

体　長：13 ～ 14 mm
分　布：平地｜山地｜全域
出現期：1月｜2月｜3月｜4月｜5月｜6月｜7月｜8月｜9月｜10月｜11月｜12月

体は光沢のある銅色で灰色毛が斑紋上に生えているため霜降り模様に見える。前胸部の側面後方は長く突き出している。雑木林周辺の葉上で見られる。

## アカヒゲヒラタコメツキ　コメツキムシ科

体　長：14 ～ 23 mm
分　布：平地｜山地｜全域
出現期：1月｜2月｜3月｜4月｜5月｜6月｜7月｜8月｜9月｜10月｜11月｜12月

体は黒色で口、触角、脚は赤褐色、背面の毛は黄褐色。頭部は扇状に窪み、網目状に点刻される。触角は第４節から鋸歯状となる。クリの花などに集まる。

## トラフコメツキ　コメツキムシ科

体　長：9～14 ㎜
分　布：**平地**｜山地｜全域
出現期：1月｜2月｜3月｜**4月**｜**5月**｜6月｜7月｜8月｜9月｜10月｜11月｜12月

体は黒色で上翅、背面は黄褐色で黄色の毛で覆われる。上翅には3対の黒紋がある。早春に現れるコメツキムシで地面近くを低く飛び、草木の葉や花を食べる。

## ミゾムネアカコメツキ　コメツキムシ科

体　長：10～13 ㎜
分　布：平地｜山地｜**全域**
出現期：1月｜2月｜3月｜4月｜**5月**｜**6月**｜**7月**｜8月｜9月｜10月｜11月｜12月

体は黒色で上翅は赤色、背面の毛は黒色。触角は第4節から鋸歯状となる。頭部は粗雑に点刻され前胸背板の中央に1本の縦溝を持つ。春に出現し花に集まる。

## アカコメツキ　コメツキムシ科

体　長：10～12 ㎜
分　布：平地｜**山地**｜全域
出現期：1月｜2月｜3月｜4月｜**5月**｜**6月**｜**7月**｜**8月**｜9月｜10月｜11月｜12月

体は黒色で前翅が赤いコメツキムシ。頭部、胸部、脚は黒色で胸部背面は黒色の毛で覆われる。触角は黒色で鋸歯状。上翅は赤褐色で暗褐色の縦溝が走る。スギやマツの朽木に多く、成虫は春先花に集まる。

## クシコメツキ　コメツキムシ科

体　長：15～16 ㎜
分　布：平地｜山地｜**全域**
出現期：1月｜2月｜3月｜4月｜**5月**｜**6月**｜**7月**｜8月｜9月｜10月｜11月｜12月

草原や里山で最も普通に見られるコメツキムシ。いつも草の葉の上にポツンと止まっている。捕まえると死んだふりをする。昼行性で比較的活発に動く。幼虫は朽木の中の小昆虫の幼虫などを食べて育つ。

## オオナガコメツキ　コメツキムシ科

体　長：24～30㎜
分　布：平地｜山地｜**全域**
出現期：1月｜2月｜3月｜4月｜5月｜**6月**｜**7月**｜**8月**｜9月｜10月｜11月｜12月

体は暗褐色で細長く腹端が尖ったコメツキムシ。触角、脚は茶褐色、背面は光沢のある赤褐色の毛で覆われる。触角は鋸歯状、前胸腹板突起は細長く鋭く尖る。平地から低山地にかけて普通に見られる。

## メスグロベニコメツキ　コメツキムシ科

[Ku]

体　長：14～15㎜
分　布：平地｜**山地**｜全域
出現期：1月｜2月｜3月｜4月｜5月｜**6月**｜**7月**｜**8月**｜9月｜10月｜11月｜12月

体の色彩には変異が多く、黄褐色のものから黒色のものまである。また上翅には縦縞の紋を持つことがある。一般にオスにくらべメスのほうが黒化する傾向にある。樹上性で広葉樹林とその林縁に見られる。

## ヒゲナガハナノミ　ナガハナノミ科

[O]

体　長：8～12㎜
分　布：平地｜**山地**｜全域
出現期：1月｜2月｜3月｜4月｜**5月**｜**6月**｜**7月**｜8月｜9月｜10月｜11月｜12月

体は暗褐色から黒色でやや光沢がある。オスの触角は櫛歯状、メスは鋸歯状、オスの前胸周囲と上翅は淡褐色で変化がある。メスではオスより黒化する傾向にある。林縁の水辺の周辺の葉上で見られる。

## ムネクリイロボタル　ホタル科

[O]

体　長：6～8㎜
分　布：平地｜**山地**｜全域
出現期：1月｜2月｜3月｜4月｜**5月**｜**6月**｜**7月**｜8月｜9月｜10月｜11月｜12月

普通に見られる小型のホタル。体は黒色で前胸背板が赤い。幼虫は陸生なので水辺でないところで見られる。成虫は昼行性で発光しないが幼虫や蛹の腹端は発光する。成虫は花にくるが、幼虫は陸生で貝類を食べる。

## オバボタル　ホタル科

[O]

体　長：7～12㎜
分　布：平地｜**山地**｜全域
出現期：1月｜2月｜3月｜4月｜5月｜**6月**｜**7月**｜8月｜9月｜10月｜11月｜12月

普通に見られるマドボタルの仲間。触角は大きく前胸背板は透明で内部に赤い斑紋のあるのが透けて見える。成虫は昼行性で発光しない。幼虫は陸生で貝類を食べる。

## オオオバボタル　ホタル科

[O]

体　長：11～14㎜
分　布：平地｜**山地**｜全域
出現期：1月｜2月｜3月｜4月｜5月｜6月｜**7月**｜**8月**｜9月｜10月｜11月｜12月

体は黒色で胸部に1対の大きな赤い紋がある。触角は扁平で長い。成虫は通常発光しないが羽化直後は発光するといわれている。幼虫は陸生で朽木内で生活する。

## ゲンジボタル　ホタル科

準絶

[So]　[So]

体　長：12～18㎜
分　布：平地｜山地｜**全域**
出現期：1月｜2月｜3月｜4月｜5月｜**6月**｜**7月**｜8月｜9月｜10月｜11月｜12月

日本で一番親しまれているホタル。体は黒色で鈍い光沢がある。前胸背板は淡赤色、中央に十字形の模様がある。幼虫は水生で巻貝のカワニナを捕食して育つ。

## ヘイケボタル　ホタル科

[O]

体　長：7～10㎜
分　布：**平地**｜山地｜全域
出現期：1月｜2月｜3月｜4月｜5月｜6月｜**7月**｜**8月**｜9月｜10月｜11月｜12月

体は黒色で鈍い光沢がある。前胸背板は淡赤色、中央部に黒く太い縦筋がある。池や水田のある地域に生息し、幼虫はヒメタニシなどの水生巻貝を捕食して育つ。

## キンイロジョウカイ　ジョウカイボン科

[O]

体　長：20～24㎜
分　布：平地｜**山地**｜全域
出現期：1月｜2月｜3月｜4月｜5月｜**6月**｜**7月**｜8月｜9月｜10月｜11月｜12月

体は暗褐色で前翅は紫がかった光沢がある。前胸背板の両端が平たく黄褐色で目立つ。触角は棒状で黄褐色。成虫幼虫とも肉食性でほかの小昆虫を捕えて食べる。

## ジョウカイボン　ジョウカイボン科

[O]

体　長：14～17㎜
分　布：平地 山地 **全域**
出現期：1月 2月 3月 4月 **5月 6月 7月 8月** 9月 10月 11月 12月

体は黒色であるが前胸外縁、上翅、脚などに褐色部が発達する。上翅や脚の褐色部は変化が多く黒化する個体もある。成虫、幼虫とも肉食性でほかの小昆虫を捕食する。

## セスジジョウカイ　ジョウカイボン科

[O]

体　長：10～12㎜
分　布：平地 **山地** 全域
出現期：1月 2月 3月 4月 **5月 6月 7月** 8月 9月 10月 11月 12月

体は黒色で扁平で細長い。複眼は頭部の側面につきやや外側に突き出る。上翅は黒褐色で黄褐色の2本の縦筋が入る。成虫、幼虫とも肉食性でほかの小昆虫を捕食する。

## セボシジョウカイ　ジョウカイボン科

[O]

体　長：9～11㎜
分　布：**平地** 山地 全域
出現期：1月 2月 3月 4月 **5月 6月 7月 8月** 9月 10月 11月 12月

体は橙黄色で頭部と前胸背の中央には黒い紋がある。平地で普通に見られるジョウカイボンで木の葉上で見られる。花にも集まるがほかの小昆虫を捕えて食べる。

## ムネアカクロジョウカイ　ジョウカイボン科

[O]

体　長：8～12㎜
分　布：**平地** 山地 全域
出現期：1月 2月 3月 4月 **5月 6月 7月 8月** 9月 10月 11月 12月

体は黒色で光沢は鈍く、前胸は赤く前胸の前縁が黒い。木や草の葉上で普通に見られるジョウカイボン。花にも集まるがほかの小昆虫を捕えて食べる。

## クシヒゲベニボタル　ベニボタル科

[O]

体　長：13～17㎜
分　布：平地 **山地** 全域
出現期：1月 2月 3月 4月 5月 **6月 7月** 8月 9月 10月 11月 12月

初夏に山地で見られるベニボタルの仲間。体は赤褐色、オスの触角は特徴的な櫛歯状、メスは平たい鋸歯状。前翅表面に4本の縦条線があり花に集まる。

## ベニボタル　ベニボタル科

体　長：9～14 ㎜
分　布：平地｜山地｜全域
出現期：1月｜2月｜3月｜4月｜5月｜6月｜7月｜8月｜9月｜10月｜11月｜12月

体は黒褐色、前翅はくすんだ赤色で縦溝がある。口は前方に突出し触角は長くやや櫛歯状。林縁の葉上で前翅を少し開き気味にして止まっていることが多い。

## ムネアカテングベニボタル　ベニボタル科

体　長：約8 ㎜
分　布：平地｜山地｜全域
出現期：1月｜2月｜3月｜4月｜5月｜6月｜7月｜8月｜9月｜10月｜11月｜12月

体は鮮やかな赤色をしている。春先に平地から山地まで普通に見られる小型のベニボタル。前翅に4本の縦条線がある。テングの名はつくものの鼻は突き出ていない。

## カクムネベニボタル　ベニボタル科

体　長：8～12 ㎜
分　布：平地｜山地｜全域
出現期：1月｜2月｜3月｜4月｜5月｜6月｜7月｜8月｜9月｜10月｜11月｜12月

体は黒色でやや光沢がある。前翅は朱赤色で9本の縦条線がある。前胸背板は四角く中央に溝がある。オスの触角は櫛歯状、メスは鋸歯状。山地では普通に見られる。

## オオコクヌスト　コクヌスト科

体　長：10～18 ㎜
分　布：平地｜山地｜全域
出現期：1月｜2月｜3月｜4月｜5月｜6月｜7月｜8月｜9月｜10月｜11月｜12月

体は黒色で光沢がある。成虫は枯れた松の樹皮下にまとめて卵を産み、孵化した幼虫は激しい共食いをした後に生き残ったものがほかの幼虫を捕食して育つ。

## ベニヒラタムシ　ヒラタムシ科

体　長：11～15 ㎜
分　布：平地｜山地｜全域
出現期：1月｜2月｜3月｜4月｜5月｜6月｜7月｜8月｜9月｜10月｜11月｜12月

体は黒色で光沢はなく、上翅は赤色で光沢がある。全体が扁平で頭部、前胸の背面は密に点刻され前胸の中央は溝となる。成虫、幼虫とも枯れ木の樹皮下に生息する。

## ヒゲナガヒメヒラタムシ　ヒラタムシ科

体　長：6～7㎜

分　布：平地 **山地** 全域

出現期：1月 2月 3月 **4月 5月 6月 7月 8月 9月 10月** 11月 12月

体は暗褐色で光沢がある。触角、脚は淡色で赤みを帯びる。上翅には各7条の縦溝があり、オスの触角は体長より長く、メスの触角は体長より短い。成虫は枯れ木や倒木の樹皮下に生息し一年中見られる。

## ヨツボシケシキスイ　ケシキスイ科

体　長：7～14㎜

分　布：平地 山地 **全域**

出現期：1月 2月 3月 4月 5月 **6月 7月 8月** 9月 10月 11月 12月

体は黒色で光沢があり、左右の上翅に赤色の斑紋が2つずつある。クヌギやコナラなどの樹液に集まり、都市郊外の雑木林でもよく見られる普通種。メスは樹液の出ている樹皮の隙間に産卵する。

## ムナビロオオキスイ　オオキスイムシ科

体　長：13～14㎜

分　布：平地 山地 **全域**

出現期：1月 2月 3月 4月 5月 **6月 7月 8月** 9月 10月 11月 12月

体は緑銅色から銅色の金属光沢があり、前胸背板には筋状の隆起がある。上翅には2対の黄色い紋があり、縦に点刻列がありその一部は隆起する。クヌギやコナラの樹液に集まり普通種だが数はやや少なめ。

## オオキノコムシ　オオキノコムシ科

体　長：16～36㎜

分　布：平地 **山地** 全域

出現期：1月 2月 3月 4月 5月 **6月 7月 8月** 9月 10月 11月 12月

体は黒色で光沢がある。前胸背板には燈赤褐色の独特な網目模様がある。また、上翅の肩部と翅端にも燈赤褐色の紋がある。山地の自然がよく残った森林帯に生息し、成虫は枯れ木に生えた硬い多孔菌を食べる。

## ルリオオキノコ　オオキノコムシ科

体　長：6～8㎜
分　布：平地 **山地** 全域
出現期：1月 2月 3月 4月 **5月 6月 7月** 8月 9月 10月 11月 12月

体は黒色で上面は青藍色の光沢を帯びる。頭部、前胸背面はまばらに点刻され、上翅には点刻列がある。カイガラタケなどのキノコに集まり幼虫もそれを食べる。

## フタオビチビオオキノコ　オオキノコムシ科

体　長：3～4㎜
分　布：平地 **山地** 全域
出現期：1月 2月 3月 4月 **5月 6月 7月 8月** 9月 10月 11月 12月

体は黒色で光沢があり、上翅は赤色で浅い縦溝がある。上翅の黒斑は通常側縁および会合線に達する広い横帯と翅端前の短い横帯からなる。多孔菌を食べる。

## ヒメオビオオキノコ　オオキノコムシ科

体　長：9～13㎜
分　布：**平地** 山地 全域
出現期：1月 2月 3月 4月 5月 **6月 7月 8月 9月** 10月 11月 12月

体は黒褐色から黒色でやや光沢がある。上翅の斑紋は橙赤色。体上面はやや密に点刻され、暗色毛を装う。平地に生息し、カワラタケなどのキノコに集まる。

## ミヤマオビオオキノコ　オオキノコムシ科

体　長：11～15㎜
分　布：平地 **山地** 全域
出現期：1月 2月 3月 4月 **5月 6月 7月 8月 9月 10月** 11月 12月

体は黒褐色から黒色で光沢がある。上翅の上部と端部に細めの橙赤色の斑紋が４つある。両眼間は眼径の２倍。カワラタケなどに集まり、樹皮下で越冬する。

## カタボシエグリオオキノコ　オオキノコムシ科

体　長：13～18㎜
分　布：平地 山地 **全域**
出現期：1月 2月 3月 4月 **5月 6月 7月 8月 9月 10月** 11月 12月

体は黒色で光沢がある。上翅の上部と端部に橙赤色の斑紋が４個ある。肩部の橙赤色の斑紋の中に黒い紋が入る。多孔菌に集まり、平地から山地まで見られる。

## トホシテントウ　テントウムシ科

[O]

体　長：6～8㎜

分　布：**平地** 山地 全域

出現期：1月 2月 3月 4月 5月 **6月 7月 8月 9月** 10月 11月 12月

体は黄赤褐色。前胸背板の中央の楕円形の斑紋は黒色で全体に広がることもある。上翅には10個の黒紋があるがそのうちの2個は会合線上にある。年2回の発生。荒地や林縁のカラスウリの葉を食害する。

## オオニジュウヤホシテントウ　テントウムシ科

[O]

体　長：6～7㎜

分　布：**平地** 山地 全域

出現期：1月 2月 3月 **4月** 5月 6月 **7月 8月 9月** 10月 11月 12月

体は黄褐色から赤褐色。前胸背板、小楯板、上翅の斑紋、体下面は黒色。全体に灰黄色の短毛で密に覆われる。越冬した成虫は4月頃から活動し交尾、産卵の後、新成虫は7月頃に出現する。ナス科の葉を食害する。

## カメノコテントウ　テントウムシ科

[O]

体　長：8～13㎜

分　布：平地 **山地** 全域

出現期：1月 2月 3月 4月 **5月 6月 7月 8月 9月 10月** 11月 12月

体は黒色で光沢がある。前胸背板の両側部は黄白色だが死後黄色に変化する傾向にある。上翅の亀甲紋は赤色であるが変化があり黒化する個体もある。成虫越冬し成虫、幼虫ともにクルミハムシの幼虫を捕食する。

## ナミテントウ　テントウムシ科

[Ko]　[O]

体　長：5～8㎜

分　布：平地 山地 **全域**

出現期：1月 2月 3月 **4月 5月 6月 7月 8月 9月 10月 11月** 12月

体下面は黒色であるが、体の上面の色彩斑紋は変化に富み、ほとんど全体が黄褐色のもの、黄褐色で黒色紋、赤褐色で黒色紋、黒色で赤色紋を表すものまで変化に富む。成虫、幼虫ともアブラムシを捕食する。

## ナナホシテントウ　テントウムシ科

[Hi]

体　長：5～9㎜
分　布：**平地** 山地 全域
出現期：1月 2月 3月 **4月 5月 6月 7月 8月 9月 10月 11月** 12月

体は橙黄色で光沢がある。触角、脚、頭部、前胸背板、体下面は黒色。前胸の両側にある斑紋は黄白色。上翅の７個の斑紋は黒色。アブラムシ類を捕食する。

## キイロテントウ　テントウムシ科

[Ss]

体　長：4～5㎜
分　布：**平地** 山地 全域
出現期：1月 2月 3月 4月 **5月 6月 7月 8月 9月 10月** 11月 12月

頭部および前胸背面は黄白色、上翅は黄色で光沢がある。触角、脚、体下面は黄褐色。前胸背板には２個の黒紋がある。ウドンコ病菌などの菌類を食べる。

## コスナゴミムシダマシ　ゴミムシダマシ科

[O]

体　長：7～8㎜
分　布：平地 **山地** 全域
出現期：1月 2月 3月 4月 **5月 6月 7月 8月 9月 10月** 11月 12月

体は黒色で光沢を欠く。触角、跗節は多少とも赤みを帯びる。前胸背板は強く密に顆粒状。上翅は点刻列を備え、間室は隆起する。落ち葉や石の下に生息する。

## モンキゴミムシダマシ　ゴミムシダマシ科

[O]

体　長：6～7㎜
分　布：平地 山地 **全域**
出現期：1月 2月 3月 4月 **5月 6月 7月 8月 9月 10月** 11月 12月

体は黒色で光沢が強い。触角基部、跗節はやや赤みを帯びる。頭部は強く点刻され、複眼間前方で大きく窪む。上翅は赤色の帯紋がある。枯れ木のキノコに集まる。

## ユミアシゴミムシダマシ　ゴミムシダマシ科

[Ku]

体　長：20～25㎜
分　布：平地 山地 **全域**
出現期：1月 2月 3月 4月 **5月 6月 7月 8月 9月 10月** 11月 12月

体は黒色でやや細長く長い脚を持つ。上翅には点刻列があり、前肢の脛節が弓状に曲がる。夜行性で成虫越冬する。雑木林などの枯れ木、倒木などに集まる。



伐倒木に集まる。

[Ku]

## アオカミキリモドキ　カミキリモドキ科

[Ko]

体　長：11～15㎜
分　布：平地 **山地** 全域
出現期：1月 2月 3月 4月 5月 **6月 7月 8月** 9月 10月 11月 12月

体は橙黄色から黄赤褐色で、上翅は緑色から青藍色の光沢を持つ。花に集まり、灯火にも飛来する。幼虫は針葉樹の朽ち木を食べて育つ。本種の体液は有毒成分を含んでおり、体液に触れると皮膚炎を起こす。

## ルリゴミムシダマシ　ゴミムシダマシ科

体　長：14～16㎜
分　布：平地｜山地｜全域
出現期：1月｜2月｜3月｜4月｜5月｜6月｜7月｜8月｜9月｜10月｜11月｜12月

体は黒色で光沢がある。上翅は緑青色から藍色の光沢がある。前胸背板の側縁は細く縁取られ、上翅は細い条溝を備え点刻を伴う。夜行性で不活発。朽木やキノコ類に見られる。枯れ木の樹皮下で越冬する。

## キマワリ　ゴミムシダマシ科

体　長：16～20㎜
分　布：平地｜山地｜全域

## シリナガカミキリモドキ　カミキリモドキ科

[O]

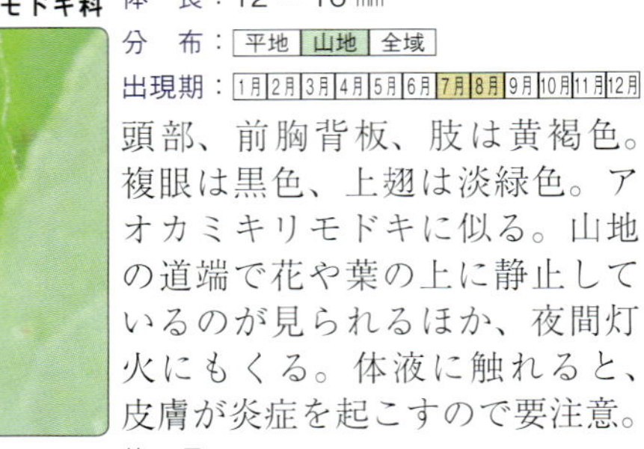

体　長：12～16㎜
分　布：平地｜山地｜全域
出現期：1月｜2月｜3月｜4月｜5月｜6月｜7月｜8月｜9月｜10月｜11月｜12月

頭部、前胸背板、肢は黄褐色。複眼は黒色、上翅は淡緑色。アオカミキリモドキに似る。山地の道端で花や葉の上に静止しているのが見られるほか、夜間灯火にもくる。体液に触れると、皮膚が炎症を起こすので要注意。

## キバネカミキリモドキ　カミキリモドキ科

[O]

体　長：9～13㎜
分　布：平地｜山地｜全域
出現期：1月｜2月｜3月｜4月｜5月｜6月｜7月｜8月｜9月｜10月｜11月｜12月

体、触角、肢は黒色。上翅は黄褐色で、やや光沢を帯びる。この形と色は、ハムシダマシ科のハムシダマシによく似ているが、本種はより細長い。道端の草や花上で見かけるほか、灯火に飛来したのを見ることも多い。

## モモブトカミキリモドキ　カミキリモドキ科

[O]

体　長：5～8㎜
分　布：平地｜山地｜全域
出現期：1月｜2月｜3月｜4月｜5月｜6月｜7月｜8月｜9月｜10月｜11月｜12月

全体が濃藍色で、個体によっては前胸背板の中央に赤褐色の斑紋を持つ。オスの後肢の腿（腿節）は太くなる。成虫は早春より現れ、日中にタンポポやハルジオン、ヘビイチゴ、クサイチゴなど各種の花に集まる。

## オオツチハンミョウ　ツチハンミョウ科

[So]

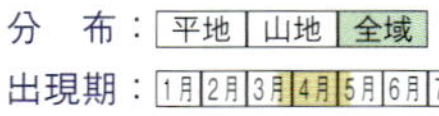

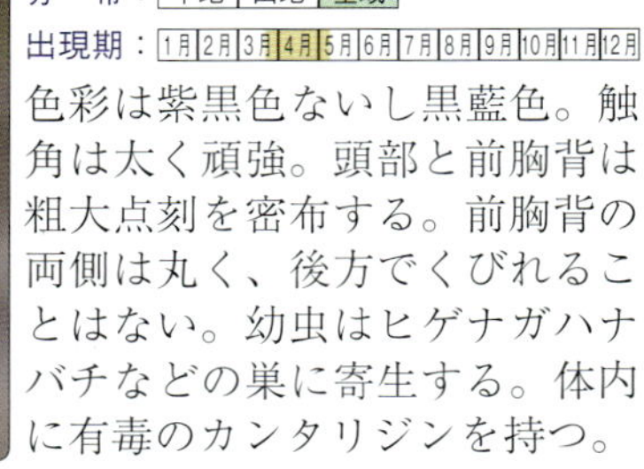

体　長：11～30㎜
分　布：平地｜山地｜全域
出現期：1月｜2月｜3月｜4月｜5月｜6月｜7月｜8月｜9月｜10月｜11月｜12月

色彩は紫黒色ないし黒藍色。触角は太く頑強。頭部と前胸背は粗大点刻を密布する。前胸背の両側は丸く、後方でくびれることはない。幼虫はヒゲナガハナバチなどの巣に寄生する。体内に有毒のカンタリジンを持つ。

チョウ
トンボ
コウチュウ
バッタ
カメムシ
ハチ
ハエ
アミメカゲロウ
カゲロウ
カワゲラ
トビケラ
ヘビトンボ
カマキリ
ナナフシ
シリアゲムシ
シロアリ
ゴキブリ
ガロアムシ
ハサミムシ

## ヒメツチハンミョウ　ツチハンミョウ科

体　長：7～23 mm
分　布：平地｜山地｜**全域**
出現期：1月｜2月｜3月｜**4月**｜5月｜6月｜7月｜8月｜9月｜10月｜11月｜12月

色彩は青黒色ないし青藍色。オスの触角は第5～7節が膨大する。頭部と前胸背は微細点刻を粗布する。前胸背はかなり縦長で、後方でくびれる。幼虫はハナバチなどの巣に寄生する。体内に有毒のカンタリジンを持つ。

## マルクビツチハンミョウ　ツチハンミョウ科

体　長：7～27 mm
分　布：平地｜山地｜**全域**
出現期：1月｜2月｜3月｜**4月**｜5月｜6月｜7月｜8月｜9月｜10月｜11月｜12月

色彩は黒青色。ときに紺色を帯びる。触角はやや数珠形で、オスでも太くならない。頭部と前胸背は粗大点刻を密布する。前胸背は長さよりも幅が大きい。幼虫はハナバチ類の巣に寄生する。前種同様カンタリジンを持つ。

## マメハンミョウ　ツチハンミョウ科

体　長：12～17 mm
分　布：平地｜山地｜**全域**
出現期：1月｜2月｜3月｜4月｜5月｜6月｜7月｜**8月**｜**9月**｜10月｜11月｜12月

体は黒色で頭部は赤褐色。前胸背板と上翅に灰白色毛の縦条がある。体下は黒色。幼虫はイナゴ類やフキバッタ類などの卵塊に寄生する。成虫は夏から秋にかけて現れ、種々の草の葉を食べる。群生することが多い。

## キイロゲンセイ　ツチハンミョウ科

体　長：9～22 mm
分　布：平地｜山地｜**全域**
出現期：1月｜2月｜3月｜4月｜5月｜6月｜**7月**｜**8月**｜9月｜10月｜11月｜12月

生時は黄色で、死後黄褐色に変色する。触角（基節を除く）、脛節、跗節は黒褐色。幼虫はオオハキリバチなどハナバチ類の巣に寄生する。成虫は夏に出現し、イヌザンショウの花に集まる。夜間灯火にもよく飛来する。

## ベーツヒラタカミキリ　カミキリムシ科

Ⅱ類

[Ku]

体　長：26～34㎜

分　布：**平地**｜山地｜全域

出現期：1月｜2月｜3月｜4月｜5月｜6月｜7月｜**8月**｜9月｜10月｜11月｜12月

赤褐色で扁平。南方系種で、沿岸部や湖周辺などの温暖な地域に分布し、常緑照葉樹林に残るシイノキの古木から発生する。日中はほかの甲虫類の羽化脱出孔や樹皮下に潜み、夜間に発生木周辺を徘徊する。棲息環境が限られるため個体数も少なく、絶滅が危ぶまれている。茨城県が分布の北限である。

## ウスバカミキリ　カミキリムシ科

[O]

体　長：30～55㎜

分　布：平地｜山地｜**全域**

出現期：1月｜2月｜3月｜4月｜5月｜**6月**｜**7月**｜**8月**｜9月｜10月｜11月｜12月

体は茶褐色ないし暗褐色で、頭は前方に突出する。オスの触角は太く、長さも上翅端に達するが、メスでは短く、産卵管が尾端に長く突き出ている。成虫は昼間はヤナギ、イチジク、クヌギ、ネムノキなどの空洞中に潜み、夜間に活動、灯火にも飛来する。幼虫は上記植物のほかにキリ、モミ、クリ、ハンノキなどにつく。

## ノコギリカミキリ　カミキリムシ科

[O]

体　長：23～48㎜

分　布：平地｜山地｜**全域**

出現期：1月｜2月｜3月｜4月｜**5月**｜**6月**｜**7月**｜**8月**｜9月｜10月｜11月｜12月

体は黒くゴキブリのようにも見える。前胸両縁に3個の大きな突起があるのが特徴。触角は雌雄ともに鋸歯状、12節で、ともに短く翅端に届かない。成虫は初夏から現れ、夕方から林内を飛び回り、よく灯火に飛来する。捕まえると、後肢と上翅外縁とを擦り合わせて、シャッ・シャッという音を出す。

## クロカミキリ　カミキリムシ科

体　長：12～23㎜
分　布：平地 山地 全域
出現期：1月 2月 3月 4月 5月 6月 7月 8月 9月 10月 11月 12月

[O]

体は黒色。前胸は球状で上翅は円筒状、触角は短い。カミキリムシらしくない形が特徴。成虫はマツ類の倒木などに集まるが、灯火に来たものを見ることのほうが多い。

## オオクロカミキリ　カミキリムシ科

体　長：14～29㎜
分　布：平地 山地 全域
出現期：1月 2月 3月 4月 5月 6月 7月 8月 9月 10月 11月 12月

[Ku]

オスは暗褐色でメスは黒色。モミ、マツ類の伐採木や立枯れに集まり、メスは写真のように樹皮の隙間から産卵する。夕暮れ時に活発に飛翔し、灯火にも飛来する。少ない。

## ヒラヤマコブハナカミキリ　カミキリムシ科

体　長：9～13㎜
分　布：平地 山地 全域
出現期：1月 2月 3月 4月 5月 6月 7月 8月 9月 10月 11月 12月

[So]

上翅は朱赤色で明瞭な深い点刻列がある。早春に現れ、ブナ、カエデ、アカメガシワなどの湿度が保たれた樹洞内で生活し、腐朽部分で繁殖する。少ない。

## ムネアカクロハナカミキリ　カミキリムシ科

体　長：12～18㎜
分　布：平地 山地 全域
出現期：1月 2月 3月 4月 5月 6月 7月 8月 9月 10月 11月 12月

[Ko]

一部平地にも棲息するが、やや山地寄りに分布する。黒色で、メスは前胸背板が赤色である。成虫は各種の花に集まり、幼虫はスギやアカマツ材などで育つ。

## アカハナカミキリ　カミキリムシ科

体　長：12 ～ 22 ㎜
分　布：平地｜山地｜全域
出現期：1月｜2月｜3月｜4月｜5月｜6月｜7月｜8月｜9月｜10月｜11月｜12月

[O]

体は黒色、前胸背と上翅は赤褐色。成虫は夏に現れ、各種の花に集まるほか、アカマツなどの伐採木に産卵に飛来する。ごく普通の種で、緑があれば市街地でも見られる。

## ツヤケシハナカミキリ　カミキリムシ科

体　長：8 ～ 13 ㎜
分　布：平地｜山地｜全域
出現期：1月｜2月｜3月｜4月｜5月｜6月｜7月｜8月｜9月｜10月｜11月｜12月

[O]

体は黒色で、名の通り光沢がない。オスは上翅が黒色。メスは上翅の色が変化し、完全に黒いものや、肩部のみ赤くなるものがいる。成虫はノリウツギなどの花に集まる。

## ヨツスジハナカミキリ　カミキリムシ科

体　長：9 ～ 20 ㎜
分　布：平地｜山地｜全域
出現期：1月｜2月｜3月｜4月｜5月｜6月｜7月｜8月｜9月｜10月｜11月｜12月

[So]

体は黒色。黄金色の軟毛で覆われ、上翅には４条の黄褐色帯がある。色彩や体形は地域的、個体的に変異が多い。各種の花に集まるほか、産卵にマツの伐採木に飛来する。

## ヤツボシハナカミキリ　カミキリムシ科

体　長：12 ～ 18 ㎜
分　布：平地｜山地｜全域
出現期：1月｜2月｜3月｜4月｜5月｜6月｜7月｜8月｜9月｜10月｜11月｜12月

[O]

体は黒色。上翅の色彩は完全に黒いもの、４黄色帯のあるもの、斑紋の不鮮明のものなど変異に富む。以前には南方型をツマグロハナカミキリと呼んで、分けていた。

## オオヨツスジハナカミキリ　カミキリムシ科

体　長：20～31㎜
分　布：平地 山地 全域
出現期：1月 2月 3月 4月 5月 6月 7月 8月 9月 10月 11月 12月

[Ku]

黒色の上翅に黄褐色の横帯が4対入るが、これが縮小し黒色部が発達した個体も現れる。成虫はリョウブなどの花に集まり、メスはモミなどの立枯れに産卵する。

## キヌツヤハナカミキリ　カミキリムシ科

体　長：12～17㎜
分　布：平地 山地 全域
出現期：1月 2月 3月 4月 5月 6月 7月 8月 9月 10月 11月 12月

[Ss]

黒色で前胸背板と上翅に暗朱赤色の軟毛が密生する。成虫はノリウツギ、リョウブなどの花に飛来したり、ブナなどの広葉樹の立枯れや倒木上を徘徊することもある。

## オオホソコバネカミキリ　カミキリムシ科

体　長：18～25㎜
分　布：平地 山地 全域
出現期：1月 2月 3月 4月 5月 6月 7月 8月 9月 10月 11月 12月

[Ku]

上翅が短縮して腹節に届かない。成虫はブナ、ミズナラなどの衰弱木や立枯れに飛来して、交尾、産卵する。自然度の高いブナ林を代表する甲虫である。少ない。

## トラフホソバネカミキリ　カミキリムシ科

体　長：13～25.5㎜
分　布：平地 山地 全域
出現期：1月 2月 3月 4月 5月 6月 7月 8月 9月 10月 11月 12月

[Ku]

触角が細く、第2～4節部分が黄白色となる。上翅は基部から後部にかけて強く狭まる。アカメガシワやシイ類、ハルニレなどを寄主としている。少ない。

## キマダラヤマカミキリ　カミキリムシ科

体　長：22～35㎜

分　布：平地｜山地｜全域

出現期：1月｜2月｜3月｜4月｜5月｜6月｜7月｜8月｜9月｜10月｜11月｜12月

[O]

体は褐色、全体に黄金色の微毛を密生し、背面は毛の傾く方向の違いにより、不規則な模様に光る。前胸背は両縁に円錐形の突起があり、背面には大きなシワがある。幼虫はクリ、クヌギ、ヤナギ類、ネムノキなどの樹幹を食害する。成虫は昼間これらの幹や葉に止まっている。活動するのは夜間で、クリやクヌギの樹液に集まるほか、灯火にもよく飛来する。キマダラミヤマカミキリとも呼ばれるし、昔はキマダラカミキリと呼ばれていた。

## ミヤマカミキリ　カミキリムシ科

体　長：34～57㎜

分　布：平地｜山地｜全域

出現期：1月｜2月｜3月｜4月｜5月｜6月｜7月｜8月｜9月｜10月｜11月｜12月

[Ko]

体は黒褐色で、黄土色の短毛に覆われる。前胸背は大きな横皺で彫刻される。オスの触角は体の1.5倍ほどあるが、メスは翅端に届かない。幼虫はクヌギ、クリ、カシなどを食害する。成虫は夕方から活動し、樹液に集まるほか、よく灯火に飛来する。昼間はこれらの幹を揺すると落ちてくる。

## コジマヒゲナガコバネカミキリ　カミキリムシ科

体　長：5.5～8㎜
分　布：平地｜山地｜全域
出現期：1月｜2月｜3月｜4月｜5月｜6月｜7月｜8月｜9月｜10月｜11月｜12月

黒色で上翅が短縮し内翅が露出している。成虫はカエデ類やコゴメウツギなどの花上に見られるほか、キブシなどの枯枝に集まり産卵する。産地では普通に見られる。

## アカアシオオアオカミキリ　カミキリムシ科

体　長：25～30㎜
分　布：平地｜山地｜全域
出現期：1月｜2月｜3月｜4月｜5月｜6月｜7月｜8月｜9月｜10月｜11月｜12月

体は赤褐色。前胸背、上翅は金属光沢のある緑色。幼虫はクヌギを食害し、材部を食べる音は外にまで聞こえてくる。成虫は夜間活動し、クヌギの樹液などに集まる。

## ルリボシカミキリ　カミキリムシ科

体　長：16～30㎜
分　布：平地｜山地｜全域
出現期：1月｜2月｜3月｜4月｜5月｜6月｜7月｜8月｜9月｜10月｜11月｜12月

体は水色で、前胸背と上翅に黒紋があるが、形や大きさは個体によって変異がある。幼虫はクルミ、カエデ、ブナ、ヤナギなどにつく。成虫はリョウブなどの花に集まるほか、広葉樹の倒木や伐採木にくる。前種とともに、非常に美しいカミキリムシで、似た種がいないので、同定は容易。

## スギカミキリ　カミキリムシ科

体　長：12～27 mm
分　布：平地｜山地｜全域
出現期：1月｜2月｜3月｜4月｜5月｜6月｜7月｜8月｜9月｜10月｜11月｜12月

体は黒色。触角と肢は暗赤褐色、上翅には黄褐色紋がある。スギとヒノキの有名な害虫で、スギは枯死しないが、ヒノキは枯死させてしまう。成虫は夜行性で見つけ難い。

## ヒメスギカミキリ　カミキリムシ科

体　長：7～13 mm
分　布：平地｜山地｜全域
出現期：1月｜2月｜3月｜4月｜5月｜6月｜7月｜8月｜9月｜10月｜11月｜12月

体は黒色、第２節以下の触角と肢は暗赤褐色。腹部は赤褐色。上翅は赤褐色（メス）、基部のみ赤褐色、一様に濃青色（オス）のものがある。前種同様スギとヒノキの害虫。

## トラフカミキリ　カミキリムシ科

体　長：17～26 mm
分　布：平地｜山地｜全域
出現期：1月｜2月｜3月｜4月｜5月｜6月｜7月｜8月｜9月｜10月｜11月｜12月

上翅にスズメバチを連想させる黒と黄褐色の縞模様を持つ。日中に活動し、山間部における野生のクワよりも、平地のクワ畑に多い。養蚕の衰退とともに減少している。

## ブドウトラカミキリ　カミキリムシ科

体　長：6～13 mm
分　布：平地｜山地｜全域
出現期：1月｜2月｜3月｜4月｜5月｜6月｜7月｜8月｜9月｜10月｜11月｜12月

前胸は赤色で、上翅は黒色。ブドウ類のつるで繁殖し、野生種よりも栽培種から発生しやすい。重要な害虫として知られるが、駆除が徹底したためか、近年は激減した。

## クリストフコトラカミキリ　カミキリムシ科

体　長：11～16㎜
分　布：平地　山地　全域
出現期：1月 2月 3月 4月 5月 6月 7月 8月 9月 10月 11月 12月

[O]

体は黒色、触角、上翅基部、肢は赤褐色。上翅の斑紋は黄色で、形状には変異がある。成虫は春から夏にかけて、ブナ科植物の伐採木に集まり、幼虫はその材部を食べる。

## キスジトラカミキリ　カミキリムシ科

体　長：10～18㎜
分　布：平地　山地　全域
出現期：1月 2月 3月 4月 5月 6月 7月 8月 9月 10月 11月 12月

[O]

体は黒色。触角と肢、上翅肩部は赤褐色だが、上翅肩部は完全に黒くなる個体もある。前胸背と上翅の帯は黄色。成虫は花にくるほか、各種広葉樹の伐採木に集まる。

## アカネトラカミキリ　カミキリムシ科

体　長：8～12㎜
分　布：平地　山地　全域
出現期：1月 2月 3月 4月 5月 6月 7月 8月 9月 10月 11月 12月

[O]

体は黒色。触角と肢、上翅基部は赤褐色。前胸背と上翅の帯は黄色で、前種によく似る。成虫はミズキやカエデなどの花や、ブドウ類の枯づるに集まるが少ない。

## タケトラカミキリ　カミキリムシ科

体　長：10～15㎜
分　布：平地　山地　全域
出現期：1月 2月 3月 4月 5月 6月 7月 8月 9月 10月 11月 12月

[Ku]

全体的に細形で前胸は幅広い。上翅は淡黄色の微毛を密生し黒色紋を持つ。メダケやマダケなどの乾燥材で繁殖し、竹箒や竹垣にも侵入する害虫である。花にもくる。

## エグリトラカミキリ　カミキリムシ科

体　長：9～13 mm
分　布：平地｜山地｜全域
出現期：1月｜2月｜3月｜4月｜5月｜6月｜7月｜8月｜9月｜10月｜11月｜12月

[Ko]

体は黒色。全面を緑灰色の微毛で密に覆われる。前胸と上翅の黒紋には変異がある。上翅端は横に切れ、外縁は棘状に尖る。成虫は各種の花や広葉樹の伐採木に集まる。

## トゲヒゲトラカミキリ　カミキリムシ科

体　長：7～12 mm
分　布：平地｜山地｜全域
出現期：1月｜2月｜3月｜4月｜5月｜6月｜7月｜8月｜9月｜10月｜11月｜12月

[O]

体は黒色、触角と肢は暗赤褐色。背面は灰色、腹面は白色の毛で覆われている。触角の第3、4節にやや短い棘を持つ。成虫はカエデなどの花や各種伐採木に集まる。

## キイロトラカミキリ　カミキリムシ科

体　長：13～21 mm
分　布：平地｜山地｜全域
出現期：1月｜2月｜3月｜4月｜5月｜6月｜7月｜8月｜9月｜10月｜11月｜12月

[Ko]

地色は黒いが、前面を淡黄色の毛に覆われ、前胸背と上翅に黒色紋がある。成虫はクリやシイなどの花や、コナラ、クヌギなどの伐採木に集まる。個体数はかなり多い。

## アカジマトラカミキリ　カミキリムシ科

体　長：16～19 mm
分　布：平地｜山地｜全域
出現期：1月｜2月｜3月｜4月｜5月｜6月｜7月｜8月｜9月｜10月｜11月｜12月

[O]

地色は黒色、前胸背と上翅は赤色で、黒色の帯がある。メスよりオスのほうが鮮やかな色をしている。成虫はケヤキの老木や伐採木に集まるが、珍しい種で出合いは少ない。

## トガリバアカネトラカミキリ　カミキリムシ科

[O]

体　長：7～10 ㎜

分　布：平地｜山地｜**全域**

出現期：1月｜2月｜3月｜4月｜**5月｜6月｜7月**｜8月｜9月｜10月｜11月｜12月

体は黒色、触角、腿節基部、跗節は暗赤褐色。上翅の背面基部は強く隆起し赤褐色。上翅前半が黒化するものもある。上翅端の外角は鋭い棘になり、長く突き出る。成虫はカエデ、コゴメウツギなどの花に集まる。

## シロトラカミキリ　カミキリムシ科

[Ku]

体　長：10～16.5 ㎜

分　布：平地｜**山地**｜全域

出現期：1月｜2月｜3月｜4月｜**5月｜6月**｜7月｜8月｜9月｜10月｜11月｜12月

背面は白色～黄白色と黒色の微毛により独特の斑紋を形成する。成虫はカエデ類、コゴメウツギなどの花上や、広葉樹の立枯れ、伐採木上で見られる。分布は局所的だが、産地における個体数は少なくない。

## ホタルカミキリ　カミキリムシ科

[O]

体　長：7～10 ㎜

分　布：平地｜山地｜**全域**

出現期：1月｜2月｜3月｜4月｜**5月｜6月｜7月**｜8月｜9月｜10月｜11月｜12月

体は黒色。前胸背は前・後縁を除き赤色で、上翅は濃青色。極めて多い種で、成虫はカエデ、クリなどの花や広葉樹の伐採木に集まる。日本のカミキリムシの中で最も幼虫期間が短く、産卵から約３カ月で羽化する。

## ベニカミキリ　カミキリムシ科

[Ku]

体　長：12.5～17 ㎜

分　布：平地｜山地｜**全域**

出現期：1月｜2月｜3月｜4月｜**5月｜6月**｜7月｜8月｜9月｜10月｜11月｜12月

鮮赤色で、前胸背板は中央後方で隆起し、上翅は通常無紋である。成虫はコゴメウツギ、ミズキ、カエデ類、クリなどの花に集まる。平地から低山地で普通に見られ、マダケやモウソウチクなどを加害し繁殖する。

## キボシカミキリ　カミキリムシ科

体　長：14 ～ 30 mm

分　布：平地｜山地｜全域

出現期：1月｜2月｜3月｜4月｜5月｜6月｜7月｜8月｜9月｜10月｜11月｜12月

[Ko]

体は黒色、全体に灰白色の微毛に覆われる。頭、前胸背、上翅に黄白紋があるが、その形と色の違いにより、多くの亜種に分けられる。成虫、幼虫ともイチジク、クワの幹を食害する。成虫の出現期間は長く、1月に見られることもある。昔はどこにでもいたが、最近は少なくなった。

## ヨコヤマヒゲナガカミキリ　カミキリムシ科

体　長：25 ～ 35 mm

Ⅱ類

分　布：平地｜山地｜全域

出現期：1月｜2月｜3月｜4月｜5月｜6月｜7月｜8月｜9月｜10月｜11月｜12月

[Ss]

黒色で灰白色の微毛に覆われており、上翅は中央とその前後で横帯状となる。光沢があり美しい。夜行性でブナの生木を寄主とする。日中メスは発生木の根際や落葉下に潜んでいることが多い。ブナの天然林を指標する代表的な昆虫だが、棲息環境が限られるため絶滅の恐れがある。

## ゴマダラカミキリ　カミキリムシ科

体　長：25～35㎜
分　布：平地｜山地｜全域
出現期：1月｜2月｜3月｜4月｜5月｜6月｜7月｜8月｜9月｜10月｜11月｜12月

体は光沢のある黒色。腹面と肢に青灰色の短毛を密生する。前胸背と上翅にはゴマのような白い斑紋がある。幼虫はミカン類、イチジク、クワなどの樹幹を食害し、成虫もこれらの小枝をかじる。果樹や街路樹、庭木などを加害する大害虫として有名。最も普通に見られるカミキリムシで、灯火にも飛来する。

[O]

## ホシベニカミキリ　カミキリムシ科

体　長：18～25㎜
分　布：平地｜山地｜全域
出現期：1月｜2月｜3月｜4月｜5月｜6月｜7月｜8月｜9月｜10月｜11月｜12月

黒色で、鮮やかな赤色の微毛で覆われる。上翅には不規則な黒点がある。タブノキなどのクスノキ科植物を寄主とし、成虫は生葉や若い枝の樹皮を後食する。幼虫は生きた枝に穿孔する。沿岸部や湖周辺などの温暖な地域に偏って分布しているが、近年は造園木を媒体に街路樹や公園緑地でも増えている。

[No]

## ヒメヒゲナガカミキリ　カミキリムシ科

体　長：10～18㎜
分　布：平地｜山地｜全域
出現期：1月｜2月｜3月｜4月｜5月｜6月｜7月｜8月｜9月｜10月｜11月｜12月

体は黒色、背面に黄褐色微毛による不明瞭な小紋を散布し、上翅中央に灰色の横帯がある。この横帯の大きさと色で4種の亜種に分けられている。触角と肢はしばしば赤色を帯びる。成虫は初夏から現れ、広葉樹の枯れ木などでごく普通に見られる。また夜間灯火にも飛来する。幼虫はブナ科植物など食べる。

[O]

## センノキカミキリ　カミキリムシ科

体　長：15 ～ 40 ㎜

分　布：平地｜山地｜全域

出現期：1月｜2月｜3月｜4月｜5月｜6月｜7月｜8月｜9月｜10月｜11月｜12月

[O]

体色は黒褐色で黄褐色の微毛で覆われている。上翅には中央の前後に黒色の横帯があり、基部に顆粒状の点刻がある。触角は赤褐色で長く、オスでは体長の２倍を超えることもあるが、メスではやや短くなる。胸に１対の棘がある。幼虫はハリギリ（センノキ）やタラノキ、コシアブラ、ヤツデなどウコギ科の植物を食樹とし、成虫もそれらの樹皮や葉柄を後食する。本種による栽培タラノキやウドの食害が、報告された例もある。年１化で、明かりに飛来することもある。「センノカミキリ」とも呼ばれる。

## マツノマダラカミキリ　カミキリムシ科

体　長：14 ～ 27 ㎜

分　布：平地｜山地｜全域

出現期：1月｜2月｜3月｜4月｜5月｜6月｜7月｜8月｜9月｜10月｜11月｜12月

[Ko]

体色は暗赤褐色から黒色で、上翅には白色から黒色の不規則なまだら模様がある。成虫はマツ類の樹皮や葉を食べる。松枯れのマツノザイセンチュウの媒介者である。

## クワカミキリ　カミキリムシ科

体　長：14 ～ 27 ㎜

分　布：平地｜山地｜全域

出現期：1月｜2月｜3月｜4月｜5月｜6月｜7月｜8月｜9月｜10月｜11月｜12月

[O]

体色は灰黄褐色でビロード状の微毛に覆われる。上翅基部には黒色の顆粒がある。クワ、イチジク、ケヤキなどのほかにポプラ類、ヤナギ類、ミカン類などを食害する。

# シロスジカミキリ　カミキリムシ科

体　長：40 ～ 55 ㎜

分　布：平地｜山地｜全域

出現期：1月｜2月｜3月｜4月｜5月｜6月｜7月｜8月｜9月｜10月｜11月｜12月

[Ku]

[Ku]

体は黒色で、体の上面は灰白色の微毛で覆われる。上翅の斑紋は白色であるが黄色みを帯びる個体もある。体側には頭部から尾部まで白帯が通っている。雑木林で見られ、クリ、クヌギなどの樹皮をかじって食べる。樹液にもよくくる。どちらかといえば夜行性だが、日中もよく活動する。捕まえると、胸の部分からギィギィと音をたてる。茨城のカミキリ類では特に大型の種の一つであり、クリ畑や庭木の害虫として知られていたが、近年、個体数が減ってきている。（写真下は羽化脱出中）

## ゴマフカミキリ　カミキリムシ科

[O]

体　長：10 ～ 15 ㎜

分　布：平地 山地 **全域**

出現期：1月 2月 3月 4月 **5月 6月 7月 8月** 9月 10月 11月 12月

体色は黒色で、上翅は黄褐色と灰色のまだら模様、腹面は灰白色の長毛に覆われる。前胸背板、上翅基部に点刻を装う、上翅基部の点刻のほうが大きい。触角第2節以下は暗赤褐色、第3節は第1節より長い。複眼は上下に2分される。各種の落葉広葉樹の伐採木に集まり、幼虫もその材を食べる。

## ナガゴマフカミキリ　カミキリムシ科

[O]

体　長：11 ～ 22 ㎜

分　布：平地 山地 **全域**

出現期：1月 2月 3月 4月 **5月 6月 7月 8月 9月** 10月 11月 12月

体色は暗赤褐色から黒褐色で、上翅には黄褐色と灰色のまだら模様に細かな黒点がある。全体に淡褐色の微毛で覆われる。中央前方と後方に黒褐色の横帯を持つが、ない個体もいる。樹皮に止まっていると保護色で見つけにくい。各種の広葉樹の伐採木に集まり、灯火にもやってくる。

## マダラゴマフカミキリ　カミキリムシ科

[Ku]

体　長：11 ～ 17 ㎜

分　布：平地 **山地** 全域

出現期：1月 2月 3月 4月 **5月 6月 7月** 8月 9月 10月 11月 12月

体色は黒色で、上翅は全体に灰白色と淡黄褐色の微毛で覆われ黒色の微毛からなる小黒斑を散在し、肩部および中央後方に斜めに黒斑がある。腹面は灰白色の微毛で覆われている。ブナ、シデ類の立枯れに産卵する。ゴマフカミキリの仲間では、本種は全国的に生息地が限られている種で、茨城県でもまれである。

## ヒゲナガゴマフカミキリ　カミキリムシ科

体　長：11 〜 24 ㎜

分　布：平地 | **山地** | 全域

出現期：1月 | 2月 | 3月 | 4月 | 5月 | 6月 | **7月** | **8月** | 9月 | 10月 | 11月 | 12月

体色は黒色で、上翅は全体に灰白色と黒色の微毛が生えまだら状の模様となる。牛のホルスタインを思わせる模様である。触角は第1節の中央と各節の基部が白くなり、特にオスの触覚は体長の約3倍になるほど長いのが特徴である。メスはオスほど長くならない。落葉広葉樹の伐採木、特にブナに集まることが多い。

[Hi]

## ネジロカミキリ　カミキリムシ科

体　長：6 〜 8 ㎜

分　布：平地 | 山地 | **全域**

出現期：1月 | 2月 | 3月 | **4月** | **5月** | **6月** | **7月** | **8月** | **9月** | **10月** | 11月 | 12月

体色は黒色で、上翅は上方半分赤褐色で白い微毛が覆い、後方半分は黒色となり白斑を散在している。上翅端外角は鋭く尖る。ヒメシラオビカミキリに似ているが翅端の尖りが長いことなどで区別。早春から晩秋まで見られ、成虫で越冬。タラノキ、クリなどを食するが、タラノキで見つかることが多い。

[Ku]

## ハイイロヤハズカミキリ　カミキリムシ科

体　長：12 〜 20 ㎜

分　布：平地 | 山地 | **全域**

出現期：1月 | 2月 | 3月 | **4月** | **5月** | **6月** | **7月** | **8月** | 9月 | 10月 | 11月 | 12月

体色は黒色で灰黄色の微毛で密に覆われる。上翅には白色の小紋を散布するが特に中央部側縁に多く、基部近くにこぶ状の隆起がある。翅端は矢羽根のように突き出している。マダケ、モウソウチクなど各種のタケ類に集まる。秋に羽化するが、そのまま食樹内にとどまり、翌春出てくる。明かりにも飛来する。

[O]

## ナカジロサビカミキリ　カミキリムシ科

[O]

体　長：6.5 ～ 10 ㎜

分　布：平地｜山地｜**全域**

出現期：1月｜2月｜3月｜4月｜**5月**｜**6月**｜**7月**｜**8月**｜**9月**｜**10月**｜**11月**｜12月

体色は黒色で、体全体が淡褐色の微毛に覆われ、白紋を散在する。上翅は基部から中央部にかけ幅広い白色の横帯がある。翅端は斜めに切れている。オスの触角第3節は第4節より短く、メスではほぼ等しくなる。成虫はコナラ、カエデ類など各種の広葉樹の枯れ枝に集まる。普通に見られる種である。

## ムネモンヤツボシカミキリ　カミキリムシ科

[Ku]

体　長：11 ～ 15 ㎜

分　布：平地｜**山地**｜全域

出現期：1月｜2月｜3月｜4月｜**5月**｜**6月**｜**7月**｜8月｜9月｜10月｜11月｜12月

体色は黒色で、上翅は淡赤褐色で黄緑色の微毛を密生している、きれいな目立つカミキリである。上翅に左右各4個ずつの黒紋があり、前胸にも背面に4個、側面に各1個の黒紋がある。上翅の第3黒紋が消失した個体が見られることもある。成虫はサルナシなどの生葉を後食し幼虫はその樹皮下を食べて育つ。

## ジュウニキボシカミキリ　カミキリムシ科

[Ku]

体　長：7 ～ 12 ㎜

分　布：平地｜**山地**｜全域

出現期：1月｜2月｜3月｜4月｜5月｜6月｜**7月**｜8月｜9月｜10月｜11月｜12月

体色は黒色で、上翅には左右に淡黄色の丸形やかぎ型をした斑紋が6個ずつ並び、側縁にも黄色条が見られる。小型ではあるが目立つ斑紋を持ったカミキリである。成虫は、シナノキ、タラノキ、ハリギリの生葉を食し、葉脈に沿った線状の食痕を残す。幼虫は、これら枝の枯れ木の樹皮下を食べて育つ。

## ヤツメカミキリ　カミキリムシ科

体　長：12～18㎜

分　布：平地 **山地** 全域

出現期：1月 2月 3月 4月 **5月 6月 7月 8月** 9月 10月 11月 12月

体色は黒色で、淡緑色がかった黄褐色の軟毛で、覆われる。上翅には各5個の黒斑があり、4個は側面の黒条につながっている。前胸背面に4個と側面に各1個、頭部にも2個の黒紋がある。サクラやウメなどに集まり、成虫はこれらの生葉を後食し、生木の損傷部から産卵する。まれに灯火にも飛来する。

[O]

## ラミーカミキリ　カミキリムシ科

体　長：10～15㎜

分　布：平地 山地 **全域**

出現期：1月 2月 3月 4月 **5月 6月 7月** 8月 9月 10月 11月 12月

体色は黒色で、白青色の微毛で覆われ、鮮やかな緑白色と黒色に色分けされる。緑白色の部分は斑紋の変化が大きい。前胸部の黒色の2紋は目立ち背中から見ると、パンダやガチャピンの顔のようである。カラムシ、ヤブマオを食する。茨城県では近年、県央部を中心に分布が拡大してきた種である。

[Ko]

## シラホシカミキリ　カミキリムシ科

体　長：7～13㎜

分　布：平地 山地 **全域**

出現期：1月 2月 3月 4月 **5月 6月 7月 8月** 9月 10月 11月 12月

体色は黒色で、上翅は茶褐色で後方は黒ずんだ色になる。前胸にはオスでは3条、メスでは1条の白条紋がある。上翅には各5紋の白紋、側方に縦隆線が2本あり翅端は棘状に尖る。成虫はサルナシなど広葉樹の葉を後食し、花にもくる。また、倒木や伐採木でもよく見られ、幼虫はこれらの枯れ木を食べる。

[Hi]

## ヘリグロリンゴカミキリ　カミキリムシ科

[O]

体　長：8〜13㎜

分　布：平地｜山地｜**全域**

出現期：1月｜2月｜3月｜4月｜**5月**｜**6月**｜**7月**｜**8月**｜9月｜10月｜11月｜12月

体色は黄褐色で頭部および触角第1、第2節は黒色である。上翅両側に黒条があるが肩部には達しない。翅端は斜めに切れ内角はやや尖る。斑紋には、いろいろな型が知られている。リンゴカミキリ類では最も小型で、縦長も弱い。成虫は温帯林の下草に見られ、ヨモギ類、アザミ類などのキク科が食草である。

## ホソツツリンゴカミキリ　カミキリムシ科

[Ku]

体　長：9〜18㎜

分　布：平地｜**山地**｜全域

出現期：1月｜2月｜3月｜4月｜5月｜6月｜**7月**｜8月｜9月｜10月｜11月｜12月

体色は黒褐色で、頭部および前胸部は赤褐色である。体型は細長くリンゴカミキリの中でも、特に細長い形をしている。色彩には変異があり、全体に黒化することもある。林間を飛び回り、リョウブなどの花に飛来する。幼虫、成虫とも、イケマを食し、成虫はイケマの茎に、らせん状の食痕を残す。

## ヨツキボシカミキリ　カミキリムシ科

[Ku]

体　長：8〜11㎜

分　布：平地｜山地｜**全域**

出現期：1月｜2月｜3月｜4月｜**5月**｜**6月**｜**7月**｜8月｜9月｜10月｜11月｜12月

体色は黒色で、前胸の中央に黄色の細い縦条紋がある。上翅には基部の2/3に黄色の縦条紋、翅端1/3に黄色紋が2紋あり白色の微毛で覆われている。オスの紋はメスに比べ白色みが強くなる。触角は黒色で脚は褐色である。成虫、幼虫ともヌルデ、オニグルミを食べるが、ヌルデの木で見つかることが多い。

## アカクビナガハムシ　ハムシ科

[O]

体　長：3～12㎜

分　布：平地｜山地｜**全域**

出現期：1月｜2月｜3月｜4月｜**5月**｜**6月**｜**7月**｜8月｜9月｜10月｜11月｜12月

光沢のある赤橙色をしている。触角、頭部、脚部は黒色である。上翅は堅く厚い。サルトリイバラやシオデにきていることが多い。気配には敏感で、捕まえようとすると、すぐに飛んだり落ちたりしてしまう。

## ヤマイモハムシ　ハムシ科

[O]

体　長：5～6㎜

分　布：平地｜山地｜**全域**

出現期：1月｜2月｜3月｜4月｜**5月**｜**6月**｜**7月**｜**8月**｜9月｜10月｜11月｜12月

触角基部、頭部、胸部は赤色で、胸部は細くなる。上翅は光沢のある暗藍色のハムシ。林縁部でよく見られる。成虫、幼虫ともヤモノイモ科の植物の葉を食べる。ヤマイモ栽培地では、害虫となることもある。

## クロボシツツハムシ　ハムシ科

[O]

体　長：5～6㎜

分　布：平地｜山地｜**全域**

出現期：1月｜2月｜3月｜4月｜**5月**｜**6月**｜**7月**｜**8月**｜9月｜10月｜11月｜12月

体色は赤色で、上翅に黒色紋がある。体型は寸胴。サクラ、クヌギ、クリ、ハンノキなどの広葉樹の葉を食べる。雑木林の葉上や林縁の下草で見られる。ナナホシテントウに擬態しているといわれている。

## アカガネサルハムシ　ハムシ科

[O]

体　長：6～8㎜

分　布：平地｜山地｜**全域**

出現期：1月｜2月｜3月｜4月｜**5月**｜**6月**｜**7月**｜**8月**｜9月｜10月｜11月｜12月

上翅は赤銅色でそのほかの部分は金緑色に輝く美しいハムシ。畑や雑木林の周辺で見られる。成虫は、ブドウ、エビヅル、トサミズキ、ハッカなどの葉を食べる。幼虫は、地中で植物の根を食べる。ブドウの害虫。

## ヨモギハムシ　ハムシ科

[O]

体　長：7～10㎜

分　布：平地｜山地｜**全域**

出現期：1月｜2月｜3月｜4月｜**5月**｜**6月**｜**7月**｜**8月**｜**9月**｜**10月**｜11月｜12月

体は黒色で、背面は青藍色から黒藍色。上翅には4列の粗い点刻がある。人家周辺でも見られる普通種。ヨモギの茎や葉上で見られ、昼間は根ぎわで静止していることが多くほとんど飛ばない。成虫と卵で越冬する。

## ハッカハムシ　ハムシ科

[O]

体　長：8～9㎜

分　布：平地｜山地｜**全域**

出現期：1月｜2月｜3月｜4月｜**5月**｜**6月**｜**7月**｜**8月**｜**9月**｜**10月**｜11月｜12月

体は黒色で、背面は鈍い金銅色の光沢があり、頭の前半、脚、触角の基部は青藍色から紫藍色。上翅には5条の円い平滑な隆起が縦列している。成虫は5月に現れ、ハッカ、アオジソ、カキドオシなどを食べる。

## オオルリハムシ　ハムシ科

[O]

体　長：11～15㎜　Ⅱ類

分　布：**平地**｜山地｜全域

出現期：1月｜2月｜3月｜**4月**｜**5月**｜**6月**｜**7月**｜**8月**｜**9月**｜10月｜11月｜12月

体は黒色。背面は金緑色から赤銅色の光沢があり、地理的な変異が見られる。生息環境が開けた湿地や沼の畔などに限られ、人里の近いところが多いため、開発や汚染により生息地が少なくなってきている。

## ルリハムシ　ハムシ科

[O]

体　長：7～8㎜

分　布：平地｜**山地**｜全域

出現期：1月｜2月｜3月｜4月｜**5月**｜**6月**｜**7月**｜**8月**｜9月｜10月｜11月｜12月

体は金緑色の光沢がある。前胸背板、上翅の色彩には変化が多く、赤銅色、藍色、紫色などがある。四国、九州の個体は前胸背板、脚が橙黄色になる。成虫越冬で5月頃ケヤマハンノキやクマシデの葉に現れる。

## サンゴジュハムシ　ハムシ科

[O]

体　長：6～7㎜

分　布：平地｜山地｜**全域**

出現期：1月｜2月｜3月｜4月｜**5月**｜**6月**｜**7月**｜**8月**｜**9月**｜**10月**｜11月｜12月

体は淡褐色。上面に灰白色から黄白色の微毛が密に生える。頭頂部に黒点があり、前胸側縁と中央には黒線がある。サンゴジュなどの葉を食べ、これらの茎に穴をあけ、この中に産卵し、糞でふさぐ習性がある。

## ウリハムシ　ハムシ科

[O]

体　長：6～8㎜

分　布：**平地**｜山地｜全域

出現期：1月｜2月｜3月｜**4月**｜**5月**｜**6月**｜**7月**｜**8月**｜9月｜10月｜11月｜12月

体は橙黄色。複眼の黒色がよく目立つ。成虫は4月頃に現れ、キュウリやメロンなどウリ類の葉を食べ荒らす大害虫として知られ、よく飛ぶ習性がある。成虫は葉を円い輪のような形に食べる。

## クロウリハムシ　ハムシ科

[O]

体　長：6～7㎜

分　布：**平地**｜山地｜全域

出現期：1月｜2月｜3月｜4月｜**5月**｜**6月**｜**7月**｜**8月**｜**9月**｜10月｜11月｜12月

頭部と前胸背板は橙黄色。触角、脚、上翅は黒色で光沢がある。ダイズ、ウリ類、シソの葉などを食べる。野生のカラスウリには特に多く、円い食べあとを残す。敏速に飛び、幼虫はウリ類の根を食べる。

## ハンノキハムシ　ハムシ科

[O]

体　長：6～9㎜

分　布：平地｜山地｜**全域**

出現期：1月｜2月｜3月｜**4月**｜**5月**｜**6月**｜**7月**｜**8月**｜**9月**｜10月｜11月｜12月

体は黒色で紫藍色を帯びる。上翅は後方が幅広く、ずんぐりした体形になる。上翅の側縁は縁取られ、前角は外側に突き出す。ハンノキ、シデ、ハシバミ、リンゴなどの葉を食べ5月中、下旬に葉裏に産卵する。

## イタドリハムシ　ハムシ科

[O]

体　長：7～9 ㎜
分　布：平地 山地 全域
出現期：1月 2月 3月 4月 5月 6月 7月 8月 9月 10月 11月 12月

体は全体が黒色。上翅にある橙黄色の斑紋は変化が多い。中脚、後脚の末端には小突起がある。成虫は春先に現れ、イタドリ、スイバなどの葉を食べ、土中に産卵する。幼虫は成虫と同じ植物の葉を食べる。

## フタホシオオノミハムシ　ハムシ科

[O]

体　長：約7 ㎜
分　布：平地 山地 全域
出現期：1月 2月 3月 4月 5月 6月 7月 8月 9月 10月 11月 12月

体は赤褐色で光沢がある。触角、脛節、跗節は黒色。上翅の後方の両側に長卵形で淡黄色の斑紋がある。ノミハムシ類であるが成虫は跳びはねることができず、葉上からすぐ落下する。サルトリイバラの葉を食べる。

## ジンガサハムシ　ハムシ科

[O]

体　長：約9 ㎜
分　布：平地 山地 全域
出現期：1月 2月 3月 4月 5月 6月 7月 8月 9月 10月 11月 12月

体は黄褐色で背面は光沢が強く、周縁部は透明。上翅の背面は生きているときは金色に光る。小楯板の後方は三角状に隆起する。成虫はヒルガオの葉を食べ円い穴をあける。幼虫は脱皮殻を尾端につける習性がある。

## イチモンジカメノコハムシ　ハムシ科

[O]

体　長：8～9 ㎜
分　布：平地 山地 全域
出現期：1月 2月 3月 4月 5月 6月 7月 8月 9月 10月 11月 12月

背面は褐色で、外縁は黄褐色で透明。上翅の外縁部後方には暗褐色の紋があるが、この紋のない個体もある。成虫は6月頃に現れ、ムラサキシキブの葉を食べる。幼虫は糞を背にのせ、蛹も糞をのせている。

## 準絶 キンイロネクイハムシ　ハムシ科

[So]

体　長：7.5～9㎜

分　布：平地 山地 **全域**

出現期：1月 2月 3月 4月 **5月 6月 7月 8月** 9月 10月 11月 12月

平地から丘陵地の環境が良く保たれた、限られた湿地に生息し、個体数も少ない。体は暗緑色で強い銅色の光沢がある。成虫は5月から8月にかけてスゲ類の花やミクリの葉上で見られる。食草はミクリ、スゲ類。

## ハイマダラカギバラヒゲナガゾウムシ　ヒゲナガゾウムシ科

[Ku]

体　長：3～4㎜

分　布：平地 **山地** 全域

出現期：1月 2月 3月 4月 **5月 6月 7月 8月 9月** 10月 11月 12月

体は黒色で、触角、脚は暗赤褐色。触角の基部2節と先端部3節はやや球状となり、その間は糸状。頭部、前胸背の前部は赤褐色。上翅にはまばらに黄褐色斑がある。山地の伐倒木や倒木上で見られる。

## シロマダラネブトヒゲナガゾウムシ　ヒゲナガゾウムシ科

[Ku]

体　長：6～7㎜

分　布：平地 **山地** 全域

出現期：1月 2月 3月 4月 **5月 6月 7月 8月 9月** 10月 11月 12月

体は黒色。全体に黄白色の斑紋がまばらに散らばる。触角の基部はやや太く、先端部3節が楕円形でその間は糸状。複眼は黒く大きく、頭部の前側部につく。前胸背の両側は黄白色。上翅には黄白色の斑紋がある。

## シロヒゲナガゾウムシ　ヒゲナガゾウムシ科

[O]

体　長：10～12㎜

分　布：平地 **山地** 全域

出現期：1月 2月 3月 4月 **5月 6月 7月 8月** 9月 10月 11月 12月

体は茶褐色。頭部は白色毛で密に覆われ、前胸背板も白色毛を装う。上翅背面の毛は灰褐色で中央前の紋と翅端部は白色。体表はゴツゴツとした感じで口吻が太く短い。広葉樹の倒木や枯れ木に集まる。

## ドロハマキチョッキリ　オトシブミ科

体　長：約６ mm

分　布：平地 **山地** 全域

出現期：1月 2月 3月 **4月 5月 6月 7月** 8月 9月 10月 11月 12月

体上面は金緑色の光沢がある。緑色がやや濃く、肩部付近と後方の紋は不明瞭、銅色から淡い金緑色で前胸背板の点刻も密になる。成虫はドロノキ、シナノキ、イタドリ、ヤマブドウなどの葉を巻きゆりかごを造る。

## モモチョッキリ　オトシブミ科

体　長：7～10 mm

分　布：**平地** 山地 全域

出現期：1月 2月 3月 **4月 5月 6月** 7月 8月 9月 10月 11月 12月

体上面は金赤色から赤紫色に輝き、頭胸部は紫色が強い。光のぐあいにより緑色から青色の光沢が出る。体下面と脚はやや紫色が強い。モモ、ナシ、ビワ、リンゴなどの果実に産卵し柄から切り落とす。

## カシルリオトシブミ　オトシブミ科

体　長：約3.5 mm

分　布：平地 **山地** 全域

出現期：1月 2月 3月 4月 **5月 6月 7月** 8月 9月 10月 11月 12月

体は金銅色に輝き、上翅は青藍色から紫藍色に輝く。頭部は強く点刻され、後縁付近には横皺がある。吻は小点刻があり、複眼は大きい。上翅は規則的に点刻された点刻列がある。フジ、カシ類の葉を巻く。

## ゴマダラオトシブミ　オトシブミ科

体　長：約７ mm

分　布：平地 山地 **全域**

出現期：1月 2月 3月 4月 **5月 6月 7月 8月** 9月 10月 11月 12月

体は黄褐色で、上面には黒色紋が散らばる。下面は大部分が黒色。上面の黒紋は変化があり、よく発達して大部分が黒色となることもある。クリ、クヌギ、コナラの樹上で見られ、メスはこれらの葉を巻く。

## オトシブミ　オトシブミ科

体　長：7～10 ㎜

分　布：平地｜山地｜**全域**

出現期：1月｜2月｜3月｜4月｜**5月**｜**6月**｜**7月**｜**8月**｜9月｜10月｜11月｜12月

体は黒色で光沢がある。前胸の後縁と上翅は普通赤褐色から暗褐色であるが、前胸はときに中央に黒紋を残して赤くなり、全体が黒色の個体も現れる。頭部はオスでは長くメスは短い。クヌギ、コナラ、ハンノキなどの葉上で見られる。葉を巻いたゆりかごを造る。中には卵が産みつけられている。

[O]

## ウスアカオトシブミ　オトシブミ科

体　長：約 5.5 ㎜

分　布：平地｜**山地**｜全域

出現期：1月｜2月｜3月｜4月｜**5月**｜**6月**｜**7月**｜8月｜9月｜10月｜11月｜12月

体は黄赤褐色で光沢がある。頭部下面、前胸側部にある縦条、腿節は暗色。頭頂に小さな窪みがある。前胸背板後方の横溝は深く、上翅は点刻列を備え、間室は小点刻がある。ほかのオトシブミと同様にメスは葉を巻いてその中に卵を産む。幼虫はゆりかごの内部で葉を食べ成虫になるまで生育することができる。

[O]

## ヒゲナガオトシブミ　オトシブミ科

体　長：8～12 ㎜

分　布：平地｜**山地**｜全域

出現期：1月｜2月｜3月｜4月｜**5月**｜**6月**｜**7月**｜8月｜9月｜10月｜11月｜12月

体は黄褐色から赤褐色で光沢がある。触角の基部と端部、頭部の両複眼間、頭部下面、前胸の側部、腿節の端部などは大部分が暗色になる。オスの頭部は著しく細長く、触角も長い。メスでは短くなる。成虫は5月頃から現れ、コブシ、イタドリなどの葉上に見られ、メスはこれらの葉を巻いてゆりかごを造る。

[So]

## シロコブゾウムシ　ゾウムシ科

体　長：13～15 ㎜

分　布：平地 | 山地 | **全域**

出現期：1月 2月 3月 4月 **5月 6月 7月 8月** 9月 10月 11月 12月

体は黒褐色から灰色、黄褐色から黒色の先のやや尖った鱗片で全体に覆われる。頭部は中央部に口器からの縦の深い溝があり、ほかにも多くの窪みがある。前胸背板、上翅にも複雑な窪みが多くある。上翅にはこぶ状の大きな隆起がある。成虫は5月頃に現れ、ハギ、クズなどマメ科植物の葉を食べる。

## ヒメシロコブゾウムシ　ゾウムシ科

体　長：12～14 ㎜

分　布：平地 | 山地 | **全域**

出現期：1月 2月 3月 4月 **5月 6月 7月** 8月 9月 10月 11月 12月

体は白色から灰色の鱗片で覆われる。頭部は口吻の先端部中央、複眼、複眼後方を除き鱗片で覆われる。中央には縦に複眼前方、後方にそれぞれ横に窪みがある。上翅は中央からやや後方で最大幅となり、中央後方にこぶ状の隆起がある。成虫はウド、タラなどウコギ科とセリ科植物の葉を食べる。

## オオゾウムシ　ゾウムシ科

体　長：15～29 ㎜

分　布：平地 | **山地** | 全域

出現期：1月 2月 3月 4月 **5月 6月 7月 8月 9月** 10月 11月 12月

体は黒色で黒色、暗褐色、黄褐色の極めて細かな鱗粉で覆われる。これらの鱗粉は長く生存した個体では脱落して黒くなる。前胸背板の中央は縦に平らな部分があり、ほかはこぶ状となる。上翅の間室は平らで大きな点刻がある。日本最大のゾウムシ。クヌギなどの樹液に集まり成虫で越冬する。

## コフキゾウムシ　ゾウムシ科

[O]

体　長：約5 ㎜

分　布：平地 山地 **全域**

出現期：1月 2月 3月 4月 **5月** **6月** **7月** 8月 9月 10月 11月 12月

体は黒色で全体に緑色の鱗片で覆われる。頭部中央には縦に溝があり、複眼はほとんど突出しない。触角、脚は黒色。前胸背板は鱗片が縦に密に並ぶ。成虫はクズ、ハギなどマメ科植物の葉上で見られる。

## ハスジゾウムシ　ゾウムシ科

[Hi]

体　長：10 ～ 13 ㎜

分　布：**平地** 山地 全域

出現期：1月 2月 3月 4月 **5月** **6月** **7月** 8月 9月 10月 11月 12月

体は黒色で灰褐色の短毛で覆われる。口吻は長く、体上面に葉っぱの筋に似たV字形の縞模様がある。野外では林縁部、河原の草地などに生育するヨモギの葉上で見かけることが多く、ヨモギの葉を食べる。

## カツオゾウムシ　ゾウムシ科

[O]

体　長：10 ～ 12 ㎜

分　布：**平地** 山地 全域

出現期：1月 2月 3月 4月 5月 **6月** **7月** **8月** 9月 10月 11月 12月

体は黒色。頭部は細かな点刻で覆われ、複眼は前方が盛り上がる。前胸背板は粗く大きな点刻で覆われる。小楯板の前方は強く窪む。上翅は黒色で白色の微毛と茶褐色の粉で覆われる。タデ類に集まる。

## ナガカツオゾウムシ　ゾウムシ科

[O]

体　長：9 ～ 13 ㎜

分　布：**平地** 山地 全域

出現期：1月 2月 3月 4月 5月 **6月** **7月** **8月** 9月 10月 11月 12月

体は黒色。頭部はやや粗い点刻に覆われ、複眼は前方がやや盛り上がる。前胸背板は前方でやや狭まるほかは平行で、頭部よりやや粗い点刻で覆われる。上翅の幅はほぼ平行で翅端で丸まる。

## オジロアシナガゾウムシ　ゾウムシ科

[O]

体　長：6～10㎜

分　布：平地｜山地｜**全域**

出現期：1月｜2月｜3月｜4月｜**5月**｜**6月**｜**7月**｜**8月**｜**9月**｜10月｜11月｜12月

体は黒色で頭部はわずかに白色の鱗毛があり、複眼間に顕著な窪みがある。複眼は比較的大きい。前胸背板の両側部と上翅の後半部は白色の鱗毛で覆われる。クズの葉上でよく見られる普通種。メスはクズの茎に穴をあけ産卵する。そこが虫こぶとなり、幼虫は虫こぶの内部を食べて育ち、蛹になる。

## ホホジロアシナガゾウムシ　ゾウムシ科

[O]

体　長：6～9㎜

分　布：平地｜**山地**｜全域

出現期：1月｜2月｜3月｜4月｜**5月**｜**6月**｜**7月**｜**8月**｜9月｜10月｜11月｜12月

体は黒色から茶褐色。頭部は黄白色の微毛で覆われる。前胸背板はこぶ状の小隆起に覆われ、それぞれ前方に毛が生え、特に側部には白色の微毛を密生する。細長い体形で上翅前方は黒色、後方は暗褐色、新鮮な個体は淡褐色の鱗毛が生えている。成虫はヌルデ、ハゼ、アカメガシワ、クワなどに集まる。

## ホソアナアキゾウムシ　ゾウムシ科

[O]

体　長：5～8㎜

分　布：平地｜**山地**｜全域

出現期：1月｜2月｜3月｜4月｜**5月**｜**6月**｜**7月**｜**8月**｜9月｜10月｜11月｜12月

体は黒色で新鮮な個体は白色粉が覆う。頭部は黒色で吻にいたるまで点刻が大きくて粗い。前胸背板は中央部で最大幅、前縁部の点刻は小さい。上翅は中央の後部で最大幅、間室の幅は点刻列より狭く、上翅の大半が白い。白い斑紋は粉でこの粉が落ちると全身が黒色になる。ミズキ、サカキなどに集まる。

## クリアナアキゾウムシ　ゾウムシ科

体　長：13～16㎜
分　布：平地｜山地｜全域
出現期：1月｜2月｜3月｜4月｜5月｜6月｜7月｜8月｜9月｜10月｜11月｜12月

体は黒色で赤褐色のやや粗めの点刻がある。脚、吻の上部、頭部には褐色の粗い短毛が生える。前胸部、上翅には黄白色の鱗毛による斑紋がある。表皮は硬くとても頑丈なゾウムシ。体の表面に多くの凹みが見られる。それらを穴と見てアナアキゾウムシと名づけられたようだ。クリ、クヌギなどに集まる。

[O]

## リンゴアナアキゾウムシ　ゾウムシ科

体　長：13～16㎜
分　布：平地｜山地｜全域
出現期：1月｜2月｜3月｜4月｜5月｜6月｜7月｜8月｜9月｜10月｜11月｜12月

体は黒色で黄白色の微毛をまばらに装う。頭部は小点刻を密に装う。吻は頭部の倍ほどの点刻をまばらに有する。前胸背板の側縁はでこぼこであるが、全体は丸く表面は粗くシワ状。上翅の点刻は大きく間室が狭いため全体に網目状。翅端付近には黄白色の微毛を有する。リンゴ、ナシに集まる。

[O]

## マダラアシゾウムシ　ゾウムシ科

体　長：14～18㎜
分　布：平地｜山地｜全域
出現期：1月｜2月｜3月｜4月｜5月｜6月｜7月｜8月｜9月｜10月｜11月｜12月

体は黒色で白色から茶褐色の微毛で覆われる。頭部は上から見ると前胸背板に隠れてしまう。前胸背板はでこぼこであるが、全体には丸い。各腿節は顕著に膨れ、茶褐色、黄褐色、白色のまだら模様。上翅には複数の隆起、こぶが見られる。成虫はクヌギ、コナラの新芽を食べるが樹液にも見られる。

[Hi]

## カワラバッタ　バッタ科

[So]

体　長：25 ～ 43 ㎜（翅端まで）　Ⅱ類

分　布：**平地**　山地　全域

出現期：1月 2月 3月 4月 5月 6月 **7月 8月 9月** 10月 11月 12月

北海道、本州、四国、九州の石のごろごろした河川の中流域の河原に生息する。茨城県から現在2カ所見つかっているが個体数が少なく、生息地によっては発見されない年がある。体色は灰青色で、河原の石の色と似ている。後翅の一部が鮮やかな青色で美しい。茨城県絶滅危惧Ⅱ類に指定されている。

## イボバッタ　バッタ科

[O]

体　長：24 ～ 35 ㎜（翅端まで）

分　布：平地　山地　**全域**

出現期：1月 2月 3月 4月 5月 6月 **7月 8月 9月 10月 11月** 12月

前胸背に小さい凹凸がある。地色は灰褐色で中に暗褐色のまだら模様があり、体色が地面に似ている。後翅は薄い緑色。後肢を前翅表面にこすりつける行動をする。日中はよく飛ぶ。県内では乾いた日当たりの良いグラウンドや公園、人家の庭などに普通に生息するが、色が地味なので目立たない。

## クルマバッタモドキ　バッタ科

[In]

体　長：32 ～ 65 ㎜（翅端まで）

分　布：平地　山地　**全域**

出現期：1月 2月 3月 4月 5月 6月 **7月 8月 9月 10月 11月** 12月

クルマバッタに似るが前胸背はあまり盛り上がらず、背面の白く細い線が、よりはっきりとX字状に見える。体色は褐色が多くまれに緑色の個体が出現する。耕作地周辺、市街地から海岸までの裸地に近い低草地に普通に見られる。本県の海岸では海浜性のヤマトマダラバッタの生息地と一部重なる。

## クルマバッタ　バッタ科

分　布：平地｜山地｜全域

体　長：35～65 ㎜（翅端まで）

出現期：1月｜2月｜3月｜4月｜5月｜6月｜7月｜8月｜9月｜10月｜11月｜12月

前胸背板はアーチ状に盛り上がり、後縁部は鋭く突出する。前翅はトノサマバッタよりも黒褐色の斑紋が大きい。広いシバの生えた草地に生息するが、ときに自然度の低い人工的な環境のグラウンドや駐車場周辺に見られることがある。県内に生息する大型バッタ類の中では最も少ない。

## トノサマバッタ　バッタ科

分　布：平地｜山地｜全域

体　長：35～65 ㎜（翅端まで）

出現期：1月｜2月｜3月｜4月｜5月｜6月｜7月｜8月｜9月｜10月｜11月｜12月

日本のバッタ類では最大。体色は褐色から緑色の間で変異に富む。前翅は褐色で複雑な黒斑が散在する。雌雄ともに翅と肢をこすり合わせて音を出す。グラウンド、造成地、空き地、海岸など広くて明るい草原を好む。晴れた日はよく飛ぶ。県内で大発生した記録はない。

## ヤマトマダラバッタ　バッタ科

体　長：30 ～ 35 mm（翅端まで）　Ⅱ類

分　布：**平地**｜山地｜全域（砂浜海岸）

出現期：1月｜2月｜3月｜4月｜5月｜6月｜7月｜**8月**｜**9月**｜**10月**｜11月｜12月

一見マダラバッタに似るが本種は体の模様がより砂浜にカモフラージュしているので動かないと見つけにくい。海岸のイネ科植物を食べる。日立市から神栖市までの比較的自然度の高い海浜でのみ見つかっている。

## ツマグロバッタ　バッタ科

体　長：33 ～ 49 mm（翅端まで）

分　布：平地｜山地｜**全域**

出現期：1月｜2月｜3月｜4月｜5月｜6月｜**7月**｜**8月**｜**9月**｜10月｜11月｜12月

翅が長くオスは明るい黄褐色でメスは枯れ草色。雌雄ともに翅端に黒色部があるが特にオスでは目立つ。脚の一部も黒い。休耕田などの湿った草原に多いが、イナゴ類のように水田の害虫にはならない。

## ヒナバッタ　バッタ科

体　長：17 ～ 30 mm（翅端まで）

分　布：平地｜山地｜**全域**

出現期：1月｜2月｜3月｜**4月**｜**5月**｜**6月**｜**7月**｜**8月**｜**9月**｜**10月**｜11月｜12月

ヒロバネヒナバッタに似るが本種はオスの前翅前縁が広がらない。後翅は透明。つやのない褐色の地色に濃褐色の不規則な斑紋が散布される。日当たりの良い草原やグラウンド周辺に見られるが目立たない。

## ナキイナゴ　バッタ科

体　長：19 ～ 30 mm

分　布：平地｜山地｜**全域**

出現期：1月｜2月｜3月｜4月｜5月｜**6月**｜**7月**｜**8月**｜**9月**｜10月｜11月｜12月

オスは黄褐色でメスは淡褐色。メスはオスの2倍以上の大きさ。オスの翅の先端は腹部の途中までしかない。オスは昼間明るいススキ草原で、脚を体にこすり合わせカシャカシャと鳴くことからこの名がついた。

## ショウリョウバッタモドキ　バッタ科

体　長：♂27～35mm・♀45～57mm（翅端まで）　準絶

分　布：平地｜山地｜全域

出現期：1月｜2月｜3月｜4月｜5月｜6月｜7月｜8月｜9月｜10月｜11月｜12月

[So]

淡緑色だが背面に赤みのある褐色の個体もある。頭頂が尖る。チガヤやススキの生えた明るい草原や海岸付近、ときに造成地のような草原にも棲む。草に止まっている個体はヒトが近づくと反対側に隠れる習性がある。成虫の発生初期に灯火に飛来することがある。比較的少ない。

## ショウリョウバッタ　バッタ科

体　長：♂40～50mm・♀75～80mm（翅端まで）

分　布：平地｜山地｜全域

出現期：1月｜2月｜3月｜4月｜5月｜6月｜7月｜8月｜9月｜10月｜11月｜12月

[Ha]

体が細長く脚が長い。大型でよく目立つ。緑色型と褐色型があるが中間型の個体もいる。オスとメスで大きさの差が大きい。オスは飛ぶとき「チキチキ」と音を出す。県内の空き地や耕作地周辺、グラウンド、公園など草の生えているところに普通で、子どもたちがしばしば捕まえて遊ぶ。

## セグロイナゴ　バッタ科

[Ko]

体　長：35 ～ 40 ㎜（翅端まで）　準絶

分　布：**平地**｜山地｜全域

出現期：1月｜2月｜3月｜4月｜5月｜6月｜7月｜**8月**｜**9月**｜**10月**｜11月｜12月

前胸の背面が濃い褐色なのでこの名がある。後翅は透明。本県では海岸付近の広い草原に群生地があったが開発でほぼ絶滅した。分布記録が非常に少ない。里山の管理放棄など農業形態の変化が減少の原因と思われる。

## コバネイナゴ　バッタ科

[O]

体　長：16 ～ 40 ㎜

分　布：平地｜山地｜**全域**

出現期：1月｜2月｜3月｜4月｜5月｜6月｜7月｜**8月**｜**9月**｜**10月**｜**11月**｜12月

ハネナガイナゴに似るが翅が短く、あまり飛ばない。水田の害虫として有名だが一時減少した。近年増加した原因は環境問題についての関心の高まりから、低毒性の農薬や減農薬が普及したことによると考えられる。

## ハネナガイナゴ　バッタ科

[Ha]

体　長：17 ～ 40 ㎜（翅端まで）

分　布：平地｜山地｜**全域**

出現期：1月｜2月｜3月｜4月｜5月｜6月｜7月｜**8月**｜**9月**｜**10月**｜11月｜12月

コバネイナゴに似るが翅が長く、水田などでは群生しよく飛ぶ。イネの害虫だったが一時水田から消えた。近年コバネイナゴと同じ理由によって非常に増加している。成虫の発生初期には灯火に多数飛来する。

## ツチイナゴ　バッタ科

[Hi]

体　長：50 ～ 70 ㎜（翅端まで）

分　布：平地｜山地｜**全域**

出現期：**1月**｜**2月**｜**3月**｜**4月**｜**5月**｜6月｜7月｜8月｜9月｜**10月**｜**11月**｜**12月**

幼虫は緑色が多いが成虫では褐色になる。体表は細毛に覆われる。秋に成虫が出現するがそのまま越冬し、ほかのバッタ類が出現しない春から活動を始める。クズの葉を好むのでクズなどの多い草原に普通。

## ヤマトフキバッタ　バッタ科

[O]

体　長：22～38 mm

分　布：平地 **山地** 全域

出現期：1月 2月 3月 4月 5月 6月 7月 **8月 9月 10月** 11月 12月

緑色が鮮やかで美しい。雌雄とも成虫になっても翅が小さいので、一見幼虫に見える。森林の縁や渓流沿いのやぶの葉の上に止まっている。フキだけでなく様々な植物を食べる。朽ち木の中に産卵する。

## アオフキバッタ　バッタ科

[Ko]

体　長：20～26 mm

分　布：平地 **山地** 全域

出現期：1月 2月 3月 4月 5月 6月 7月 **8月 9月 10月** 11月 12月

体は鮮やかな緑色だが下面は黄色。前胸背の側面に黒い帯条の模様がある。成虫でも翅が退化して痕跡程度である。前種とほぼ同じ環境に生息するが山地に限られ、山道の広葉樹の葉に止まっていることが多い。

## オンブバッタ　オンブバッタ科

[St]

体　長：♂20～25 mm・♀40～42mm（翅端まで）

分　布：平地 山地 **全域**

出現期：1月 2月 3月 4月 5月 6月 7月 **8月 9月 10月 11月** 12月

雌雄で大きさの差が大きい。緑色から褐色までいろいろな色調がある。オスがメスの背中に乗っていることが多いので、この名がついた。耕作地や公園、グラウンド、庭など明るい場所に普通に見られる。

## ハネナガヒシバッタ　ヒシバッタ科

[O]

体　長：9～13 mm（翅端まで）

分　布：**平地** 山地 全域

出現期：1月 2月 **3月 4月 5月 6月 7月 8月 9月 10月 11月** 12月

複眼が大きく頭頂は狭い。前胸背板の前域は短く幅広い。体色は褐色で翅が長くよく飛ぶ。水田や水辺などの湿地に多い。成虫で越冬し、冬でも晴れて暖かい日に活動する。夏の暑い夜はしばしば灯火に飛来する。

## ハラヒシバッタ　ヒシバッタ科

[O]

体　長：8～14㎜（翅端まで）
分　布：平地 山地 全域
出現期：1月 2月 3月 4月 5月 6月 7月 8月 9月 10月 11月 12月

成虫は翅が退化して飛べない個体が多いが、まれに長翅型が出現し、よく飛ぶ。色彩変異が多いので体色で他種と区別できない。春から秋に成虫が出現する。乾いた草原や畑、庭などいたるところに多いが湿ったところにも棲む。

## ケラ　ケラ科

[Ha]

体　長：30～35㎜
分　布：平地 山地 全域
出現期：1月 2月 3月 4月 5月 6月 7月 8月 9月 10月 11月 12月

頭・胸部と腹部の間がくびれ、暗褐色ないし茶褐色で全身微毛で覆われる。前脚がパワーシャベルのような形で、地中に穴を掘ってすみ雑食性で害虫にもなる。メスも鳴くがオスは地中でビーと連続して鳴く。

## カネタタキ　カネタタキ科

[O]

体　長：7～11㎜
分　布：平地 山地 全域（丘陵地）
出現期：1月 2月 3月 4月 5月 6月 7月 8月 9月 10月 11月 12月

小型で扁平。体は鱗片で覆われる。メスの翅は退化しているが、オスは小さい翅を持ちチンチンと鐘をたたくように鳴く。樹上性で県内では平地の林縁や生け垣に普通。ときに室内に侵入して鳴くことがある。

## クサヒバリ　ヒバリモドキ科

[O]

体　長：7～8㎜
分　布：平地 山地 全域
出現期：1月 2月 3月 4月 5月 6月 7月 8月 9月 10月 11月 12月

体は淡褐色。オスの発音器がよく発達している。後腿節に黒い筋がある。人家の生け垣や低木の樹上にすみ、葉の上でフィリリリと長い時間連続した美しい声で鳴く。地上性のヒゲシロスズの鳴き声にやや似る。

## マダラスズ　ヒバリモドキ科

体　長：6～8㎜

分　布：平地｜山地｜全域

出現期：1月｜2月｜3月｜4月｜5月｜6月｜7月｜8月｜9月｜10月｜11月｜12月

体が黒褐色と白色のまだら模様がある。後腿節に黒い斑紋がある。夏は夜間、秋遅くなると昼間ジーッ・ジーッと目立たない声で区切って鳴く。畑や庭、グラウンド、駐車場などいたるところに普通に見られる。

[Ss]

## ハマスズ　ヒバリモドキ科

IB類

体　長：約7㎜

分　布：平地｜山地｜全域（砂浜海岸）

出現期：1月｜2月｜3月｜4月｜5月｜6月｜7月｜8月｜9月｜10月｜11月｜12月

体の模様が砂浜によく似ているので動かないと見つけにくい。オスはジーッ・ジーッと鳴き、時々チョンチョンと声が入る。県内ではひたちなか市より南の自然度の高い砂浜から見つかっているが少ない。

[So]

## マツムシ　マツムシ科

準絶

体　長：21～23㎜（翅端まで）

分　布：平地｜山地｜全域

出現期：1月｜2月｜3月｜4月｜5月｜6月｜7月｜8月｜9月｜10月｜11月｜12月

体が枯れ草のような色をした有名な鳴く虫。オスは発音器を持つので前翅の幅が広い。鳴き声がチンチロリンと表現されるが、ピッピリピッと聴こえる。茨城県は北限に近く内陸には少ない。主に海岸付近に棲む。

[In]

## アオマツムシ　マツムシ科

体　長：23～33㎜（翅端まで）

分　布：平地｜山地｜全域（低山地）

出現期：1月｜2月｜3月｜4月｜5月｜6月｜7月｜8月｜9月｜10月｜11月｜12月

形はややマツムシに似るが、体は緑色の樹上性のマツムシで、中国原産の外来種。増えすぎて果樹の害虫となっている。シーズンにはリーリーと大合唱し騒音となる。夜間灯火にも飛来する。県内いたるところに多い。

[O]

## スズムシ　マツムシ科

[In]

体　長：16 ～ 19 ㎜（翅端まで）

分　布：平地｜山地｜全域

出現期：1月｜2月｜3月｜4月｜5月｜6月｜7月｜8月｜9月｜10月｜11月｜12月

体は黒く脚や触角の一部が白い。オスは翅に発音器があり幅広い。古来よく知られた鳴く虫で、ペットショップでも販売される。購入した飼育個体を繁殖させ公園などに放す事例が多い。県北では比較的少ない。

## カンタン　マツムシ科

[O]

体　長：16 ～ 21 ㎜（翅端まで）

分　布：平地｜山地｜全域

出現期：1月｜2月｜3月｜4月｜5月｜6月｜7月｜8月｜9月｜10月｜11月｜12月

体は淡い緑色で弱々しい。オスの翅の幅が広い。道端のヨモギの上やクズの茂った河川敷の草原、ときに人家の生垣にも棲む。ルルルという連続的な鳴き声が美しい。盛夏には夜間、秋遅くなると昼間でも鳴く。

## エンマコオロギ　コオロギ科

[Ko]

体　長：39 ～ 43 ㎜（翅端まで）

分　布：平地｜山地｜全域

出現期：1月｜2月｜3月｜4月｜5月｜6月｜7月｜8月｜9月｜10月｜11月｜12月

黒褐色のがっしりした体で、本県で最も大きいコオロギ。鳴き声はコオロギの中で最も優美だが、個体数が多く雑食性のため畑の害虫となる。本県ではカワラエンマコオロギのような近似種が見つかっていない。

## ハラオカメコオロギ　コオロギ科

[In]

体　長：13 ～ 15 ㎜

分　布：平地｜山地｜全域

出現期：1月｜2月｜3月｜4月｜5月｜6月｜7月｜8月｜9月｜10月｜11月｜12月

中型のコオロギで、近似種のモリオカメコオロギやタンボオカメコオロギと形態で区別することは難しい。畑、公園、庭などに多い。リ・リ・リ・リと速いテンポで鳴く。同属の他種の中では最も乾いた環境を好む。

## ミツカドコオロギ　コオロギ科

[In]

体　長：16～20㎜（翅端まで）
分　布：平地｜山地｜全域
出現期：1月｜2月｜3月｜4月｜5月｜6月｜7月｜8月｜9月｜10月｜11月｜12月

オカメコオロギ類とやや似ているが、オスは顔面が平たく頭部に3つの角があるので区別しやすい。リッリッリッとやや鋭く速いテンポで鳴く。乾いた草原や畑、人家の庭、道路近くの草地など明るいところに普通。

## ツヅレサセコオロギ　コオロギ科

[In]

体　長：約16㎜
分　布：平地｜山地｜全域
出現期：1月｜2月｜3月｜4月｜5月｜6月｜7月｜8月｜9月｜10月｜11月｜12月

丸みを帯びた中型の大きさで、鳴く虫の代表種。メスは成熟すると腹部が肥大し翅からはみ出す。リー・リー・リーと昼夜鳴くが、特に明け方は合唱する。畑や庭、市街地などに普通。北米大陸にも侵入している。

## クマスズムシ　コオロギ科

[In]

体　長：♂10～13㎜
分　布：平地｜山地｜全域
出現期：1月｜2月｜3月｜4月｜5月｜6月｜7月｜8月｜9月｜10月｜11月｜12月

体が黒いが脚の先が黄褐色で、名前に反して美しい。ややスズムシに似ているがより小さい。林縁の草むらや畑、道路周辺の草地、人家の庭などに普通だが、鳴き声はリューリューと小さい声なので目立たない。

## ツユムシ　ツユムシ科

[O]

体　長：29～37㎜（翅端まで）
分　布：平地｜山地｜全域
出現期：1月｜2月｜3月｜4月｜5月｜6月｜7月｜8月｜9月｜10月｜11月｜12月

セスジツユムシに似るが後翅がより長く緑色が強い。卵はイネ科植物の葉の中に産む。鳴き声は小さく最初ピチッピチッと発音しチチチと続く。草の上を歩きながら鳴き、よく飛ぶ。乾いた草原、河原や堤防に普通。

## アシグロツユムシ　ツユムシ科

[Ko]

体　長：29 ～ 37 ㎜（翅端まで）

分　布：平地 | 山地 | **全域**

出現期：1月 2月 3月 4月 5月 6月 7月 8月 **9月** **10月** 11月 12月

体色は濃い緑で小さい黒い点が多い。脚は褐色を帯びる。幼虫、成虫ともに林縁の葉の上に止まっている。鳴き声はジュジュジュと聴こえるが小さいので気づかない。県内に少なくないが、地味なので目立たない。

## セスジツユムシ　ツユムシ科

[O]

体　長：33 ～ 47 ㎜（翅端まで）

分　布：平地 | 山地 | **全域**

出現期：1月 2月 3月 4月 5月 6月 7月 **8月** **9月** **10月** 11月 12月

ツユムシに似るが体が比較的明るい黄緑色なのと後翅がやや短い点で区別できる。ツツツ…ジーチョジーチョと鳴く。畑や公園、人家の生け垣などに棲む。ツユムシよりやや湿った環境を好む。県内に最も普通。

## エゾツユムシ　ツユムシ科

[O]

体　長：31 ～ 35 ㎜（翅端まで）

分　布：平地 | **山地** | 全域

出現期：1月 2月 3月 4月 5月 6月 7月 **8月** **9月** 10月 11月 12月

メスは前翅と後翅が同じ長さだが、オスは後翅が長い。緑色型のみ見られる。夜間、集団でプツンプツンと鳴き、生息地では群生する。主に低山地から山地にかけて棲むが、本県ではまれに平地の草原にも見つかる。

## ホソクビツユムシ　ツユムシ科

[In]

体　長：35 ～ 38 ㎜（翅端まで）

分　布：平地 | **山地** | 全域

出現期：1月 2月 3月 4月 5月 6月 7月 **8月** **9月** 10月 11月 12月

オスは脚が長く、触角はところどころに白色部がある。広葉樹の葉肉の中に産卵し、産卵後噛み切って落とす習性がある。県北山地、筑波山の主にブナやミズナラ林より上に棲む。昼間あちこちでツーキチッと鳴く。

## ヘリグロツユムシ　ツユムシ科

体　長：38～56 ㎜（翅端まで）
分　布：平地｜山地｜全域
出現期：1月｜2月｜3月｜4月｜5月｜6月｜7月｜8月｜9月｜10月｜11月｜12月

前胸背板後縁に黒い縁取りがある。広葉樹の葉の上に棲む。よく似た種類のサトクダマキモドキは平地に、ヤマクダマキモドキは低山地に棲むが、本種は山地性。

## クツワムシ　クツワムシ科

体　長：50～53 ㎜（翅端まで）
IB類
分　布：平地｜低山地｜全域
出現期：1月｜2月｜3月｜4月｜5月｜6月｜7月｜8月｜9月｜10月｜11月｜12月

体色は緑色型、濃褐色型、淡褐色型がある。古来鳴き声よりガチャガチャとも呼ばれる。昔は雑木林や農家の屋敷林周辺に多かったが、近年県内では激減している。

## ヤブキリ　キリギリス科

体　長：45～58 ㎜（翅端まで）
分　布：平地｜山地｜全域
出現期：1月｜2月｜3月｜4月｜5月｜6月｜7月｜8月｜9月｜10月｜11月｜12月

全身濃い黄緑色で樹上性。ジーと長く連続的に鳴くので、よく似た次種と区別できる。幼虫は春から草原で生活しタンポポの花に集まるが、成虫は肉食性が強い。

## ヤマヤブキリ　キリギリス科

体　長：33～45 ㎜（翅端まで）
分　布：平地｜山地｜全域
出現期：1月｜2月｜3月｜4月｜5月｜6月｜7月｜8月｜9月｜10月｜11月｜12月

前種によく似ているがやや小さい点と、鳴き方が連続せずジーッ・ジーッと断続的なので区別できる。潅木に棲む。本県では山地性だが県北では海岸付近にも棲む。

## ヒガシキリギリス　キリギリス科

体　長：26 ～ 42 ㎜（翅端まで）
分　布：平地　山地　全域
出現期：1月 2月 3月 4月 5月 6月 7月 8月 9月 10月 11月 12月

[O]

体は緑色で翅の側面に黒い点がある。ギーッチョンという鳴き声で古来親しまれた夏の鳴く虫だが、本県平地では少ない。主に丘陵地帯や山地、海岸付近に棲む。

## ヒメギス　キリギリス科

体　長：17 ～ 27 ㎜（翅端まで）
分　布：平地　山地　全域
出現期：1月 2月 3月 4月 5月 6月 7月 8月 9月 10月 11月 12月

[Hi]

キリギリスより小型なのでこの名がついた。体色は黒褐色から褐色。休耕田など主に湿った草原にすみ、ツルルルと鳴く。まれに長翅型が出て遠くへ移動する。

## クサキリ　キリギリス科

体　長：37 ～ 47 ㎜（翅端まで）
分　布：平地　山地　全域
出現期：1月 2月 3月 4月 5月 6月 7月 8月 9月 10月 11月 12月

[O]

頭部は穀物のような形。緑色型と褐色型がある。メスの産卵器は刀のような形。金属的な声でジーと鳴く。イネ科草本の実を食べ、水田周辺や湿った草原に普通。

## ヒメクサキリ　キリギリス科

体　長：32 ～ 48 ㎜（翅端まで）
分　布：平地　山地　全域
出現期：1月 2月 3月 4月 5月 6月 7月 8月 9月 10月 11月 12月

[In]

前種とよく似ているが、本種は翅端の上下幅が先端のほうで徐々に細くなる。草の根元に産卵する。鳴き声や習性も前種とよく似ているが本県では林縁に棲む。

## クビキリギス　キリギリス科

[Ha]

体　長：50 ～ 57 mm（翅端まで）
分　布：平地｜山地｜全域
出現期：1月｜2月｜3月｜4月｜5月｜6月｜7月｜8月｜9月｜10月｜11月｜12月

体が細長く口の一部が赤い。緑色型と褐色型がある。秋遅く羽化した成虫は越冬後、春からジーと金属的な連続音で鳴く。鳴き声や習性のよく似た近縁種にシブイロカヤキリがいるが顔面が黒く緑色型がいない。

## ホシササキリ　キリギリス科

[In]

体　長：21 ～ 27 mm（翅端まで）
分　布：平地｜山地｜全域
出現期：1月｜2月｜3月｜4月｜5月｜6月｜7月｜8月｜9月｜10月｜11月｜12月

上翅に黒い斑紋列がある。緑色型と褐色型があり、写真は褐色型。産卵器は比較的短い。オスは小さい声でジリジリジリと鳴く。チガヤなどのはえた乾いた草原に棲むが、県内では内陸では少なく海岸付近に比較的多い。

## ササキリ　キリギリス科

体　長：21 ～ 27 mm（翅端まで）
分　布：平地｜山地｜全域（低山地）
出現期：1月｜2月｜3月｜4月｜5月｜6月｜7月｜8月｜9月｜10月｜11月｜12月

[O]

体に太い黒帯がある。若い幼虫期は体が赤と黒で美しく、ほかのササキリ類と異なる。ほとんど緑色型だがまれに黄色型が出る。ササなどの上でジキジキジキと連続して鳴く。

## ハヤシノウマオイ　キリギリス科

体　長：28 ～ 33 mm（翅端まで）
分　布：平地｜山地｜全域
出現期：1月｜2月｜3月｜4月｜5月｜6月｜7月｜8月｜9月｜10月｜11月｜12月

[O]

体は鮮やかな黄緑色。オスは古来スイーッチョンという鳴き声でよく知られた代表的な鳴く虫。林の縁や生け垣などに棲む。よく似た種にハタケノウマオイがいる。

## マダラカマドウマ　カマドウマ科

体　長：♂ 24 ～ 33 ㎜

分　布：平地｜山地｜**全域**

出現期：1月｜2月｜3月｜4月｜5月｜6月｜7月｜**8月**｜**9月**｜**10月**｜11月｜12月

大型でずんぐりした体。体は黄白色を基調とし複雑な黒斑がある。森林にすみ、昼は樹木の空洞などに集まって隠れ、夜間歩き回り昆虫の死体などを食べる。この仲間は屋内にも侵入するので衛生害虫とされる。

## クラズミウマ　カマドウマ科

体　長：15 ～ 17 ㎜

分　布：平地｜低山地｜**全域**（低山地）

出現期：1月｜2月｜3月｜4月｜5月｜6月｜7月｜**8月**｜**9月**｜**10月**｜11月｜12月

マダラカマドウマによく似るが、より小型で斑紋がやや薄く模様も異なる。成虫は夏から秋に多い。夜行性で雑食性。森林には生息せず市街地などで見つかる。屋内に侵入するカマドウマでは本種が最も多い。

## カマドウマ　カマドウマ科

体　長：♂ 18 ～ 23 ㎜

分　布：平地｜山地｜**全域**

出現期：1月｜2月｜3月｜4月｜5月｜6月｜7月｜**8月**｜**9月**｜**10月**｜11月｜12月

体の大きさはクラズミウマとほぼ同じだが、薄い茶色で斑紋が少ない。腹面や脚の先は白い。雑食性で昼は林内の樹木の空洞などに隠れ、夜間歩き回り昆虫の死体などを食べる。県内の林の多い環境に普通。

## コロギス　コロギス科

体　長：約 30 ㎜

分　布：平地｜山地｜**全域**

出現期：1月｜2月｜3月｜4月｜5月｜6月｜7月｜**8月**｜**9月**｜10月｜11月｜12月

成虫の体は緑色で翅は褐色。コオロギとキリギリスの中間の形態。初齢幼虫は黒色だが２齢から緑色になる。幼虫越冬。幼虫は口から糸を吐き広葉樹を巻いて巣を造る。鳴かない。夜行性でほかの昆虫を捕食する。

## エサキモンキツノカメムシ　ツノカメムシ科

[Ko]

体　長：10～14㎜

分　布：平地｜山地｜**全域**

出現期：1月｜2月｜3月｜**4月｜5月｜6月｜7月｜8月｜9月｜10月｜11月**｜12月

茶色い背中にハートマークのあるカメムシ。両肩には左右に突き出る角がある。ミズキ、ハゼノキなどに見られ、葉の裏に産卵する。メス成虫は卵や若令幼虫を外敵から守る習性がある。成虫で越冬する。

## モンキツノカメムシ　ツノカメムシ科

準絶

[O]

体　長：12～14㎜

分　布：平地｜山地｜**全域**

出現期：1月｜2月｜3月｜4月｜**5月｜6月｜7月｜8月｜9月｜10月**｜11月｜12月

背中に丸みのある逆三角形の斑と左右に突き出る角のあるカメムシ。体の周りが緑色で、翅は茶色。ミズキ、ヒサカキ、ヤマハゼに見られる。卵や幼虫を保護する習性があるが、実際の観察例は極めて少ない。

## セアカツノカメムシ　ツノカメムシ科

[O]

体　長：14～19㎜

分　布：平地｜山地｜**全域**

出現期：1月｜2月｜3月｜4月｜**5月｜6月｜7月｜8月｜9月｜10月**｜11月｜12月

青みがかった緑色で、背中の赤っぽいカメムシ。オスは生殖節に赤色の突起を持つ。平地から山間部にかけて生息し、ツノカメムシ類の中では最も普通に見られる。生きているうちは緑色だが、死ぬと黄色くなる。

## ハサミツノカメムシ　ツノカメムシ科

[O]

体　長：17～19㎜

分　布：平地｜山地｜**全域**

出現期：1月｜2月｜3月｜4月｜**5月｜6月｜7月｜8月｜9月｜10月**｜11月｜12月

鮮やかな緑色で、翅の下のほうが茶色のカメムシ。山間の木の上でよく見られ、ミズキ、ヤマウルシ、ツタウルシ、サンショウなどにつく。オスの生殖節にはハサミ状の長く平行に突き出ている赤い突起がある。

## エビイロカメムシ　カメムシ科

[O]

体　長：14～19㎜

分　布：平地 山地 全域

出現期：1月 2月 3月 4月 5月 6月 7月 8月 9月 10月 11月 12月

体全体が薄茶色のカメムシ。頭は三角で先が尖った特徴的な形をしており、触角の先が黒い。触角と口吻はほかのカメムシに比べて大変短い。幼虫はウズラカメムシの幼虫に似ており、里山のススキに見られる。

## アカスジカメムシ　カメムシ科

[O]

体　長：9～12㎜

分　布：平地 山地 全域

出現期：1月 2月 3月 4月 5月 6月 7月 8月 9月 10月 11月 12月

黒い体に5本の赤い縦縞があり、独特の色模様をしているカメムシ。縦縞の色の濃さや幅は変化が多い。シシウドやヤブジラミなどセリ科の植物の種子上にいることが多く、平地から山地までどこでも見られる。

## ウズラカメムシ　カメムシ科

[O]

体　長：8～10㎜

分　布：平地 山地 全域

出現期：1月 2月 3月 4月 5月 6月 7月 8月 9月 10月 11月 12月

薄茶色の体に淡い黄褐色の縦縞模様があるウズラに似ている？カメムシ。頭はやや下向きに細く突き出している。草原で見られ、ススキ、エノコログサなどイネ科の雑草に多く見られる。草の根元で成虫越冬する。

## シロヘリカメムシ　カメムシ科

[O]

体　長：12～15㎜

分　布：平地 山地 全域

出現期：1月 2月 3月 4月 5月 6月 7月 8月 9月 10月 11月 12月

薄茶色で、体の両側に黄白色の帯を持つ細身のカメムシ。平地から里山に見られるが山地に多く、ネザサ、チジミザサ、ミヤマザサ、メダケなどササ類の葉上で多く見られる。成虫で越冬する。

## ブチヒゲカメムシ　カメムシ科

体　長：10～14㎜

分　布：平地｜山地｜全域

出現期：1月｜2月｜3月｜4月｜5月｜6月｜7月｜8月｜9月｜10月｜11月｜12月

赤褐色の体に、背中中央部に白紋を持ち、体側に縞模様があるカメムシ。体が軟毛に覆われており、海浜から山地まで生息域は広く、マメ科、キク科の植物につく。植物の根際に潜んで、成虫で越冬する。

## ムラサキシラホシカメムシ　カメムシ科

体　長：4.5～5.5㎜

分　布：平地｜山地｜全域

出現期：1月｜2月｜3月｜4月｜5月｜6月｜7月｜8月｜9月｜10月｜11月｜12月

つやのあるブロンズの体に、2つの白い斑点が目立つ小さなカメムシ。草原や林の周辺でごく普通に見られ、タンポポ類、ハルジオン、オオバコ、ツユクサなどのキク科やマメ科、イネ科など、様々な植物を食べる。

## トゲカメムシ　カメムシ科

体　長：7～12㎜

分　布：平地｜山地｜全域

出現期：1月｜2月｜3月｜4月｜5月｜6月｜7月｜8月｜9月｜10月｜11月｜12月

銅色光沢を帯びた暗褐色で、両肩の部分が鋭く尖り、背中に白い斑点を持つカメムシ。山間の草むらや背の低い木の上に多く見られ、ヨモギ、フキ、クマイチゴ、ウド、タラノキなど多くの植物につく。

## ナガメ　カメムシ科

体　長：7～9㎜

分　布：平地｜山地｜全域

出現期：1月｜2月｜3月｜4月｜5月｜6月｜7月｜8月｜9月｜10月｜11月｜12月

橙色の条紋がある美しいカメムシ。春にアブラナ、ダイコンなどでよく見られる。ナガメとは「菜の花につくカメムシ」という意味。条紋が深紅色となる個体も多く、平地から里山まで見られる。成虫で越冬する。

## ヨツボシカメムシ　カメムシ科

[O]

Ⅱ類

体　長：12～14㎜
分　布：平地 **山地** 全域
出現期：1月 2月 3月 4月 5月 **6月 7月 8月 9月** 10月 11月 12月

背中の中央に4つの白い点があることになっているが、あまりはっきりせず、全体に小さい黒点が散りばめられている茶色いカメムシ。山間部のフジ、クズ、ダイズなどのマメ科の植物の汁を吸う。

## ツマジロカメムシ　カメムシ科

[O]

体　長：7～10㎜
分　布：平地 山地 **全域**
出現期：1月 2月 3月 **4月 5月 6月 7月 8月 9月 10月** 11月 12月

背中の真ん中に白い半円様の横帯があり、体の両側に白い点々が目立つ光沢のある濃い紫のカメムシ。都市近郊の雑木林周辺でもよく見られ、クヌギ、コナラ、イタドリ、フジなど多くの植物の葉上で見つかる。

## ツノアオカメムシ　カメムシ科

[Hi]

体　長：17～24㎜
分　布：平地 **山地** 全域
出現期：1月 2月 3月 4月 5月 6月 **7月 8月 9月** 10月 11月 12月

金属光沢を持った鮮やかな緑色で、大型の美しいカメムシ。両肩は幅広くやや前方に向かって突き出し、先端が斜めに切断される。山地のミズナラ、ケヤキ、ミズキなどの樹上に生息し、灯火に飛来することがある。

## トホシカメムシ　カメムシ科

[O]

体　長：17～23㎜
分　布：平地 **山地** 全域
出現期：1月 2月 3月 4月 **5月 6月 7月 8月 9月 10月** 11月 12月

体は明るい茶色で、背中に10個の小黒点がある大型のカメムシ。両肩は前方に鋭く尖り、山地の広葉樹林で見られる。ニレ類、カエデ類、サクラ類、ミズキなど多くの樹木や植物で見られ、夜間灯火にも飛来する。

## アカスジキンカメムシ　キンカメムシ科

体　長：17～20㎜

分　布：平地｜山地｜**全域**

出現期：1月｜2月｜3月｜4月｜**5月**｜**6月**｜**7月**｜**8月**｜9月｜10月｜11月｜12月

緑色の体に赤い帯模様があり、日本で最も美しいカメムシの一つ。「歩く宝石」とも形容され、切手の図案になったほど美しいカメムシ。背中は丸く盛り上がっており、ごくたまに黒っぽい個体も出現する。幼虫は成虫とはまったく異なる模様で黒い体に白い模様がある。5令幼虫で越冬し、翌春に羽化する。フジ、ミズキなどの広葉樹で生活しているが、都会の公園や街路樹などの木の幹や葉の上で、じっとしていることもある。

[O]

## マルカメムシ　マルカメムシ科

体　長：5～5.5㎜

分　布：平地｜山地｜**全域**

出現期：1月｜2月｜3月｜4月｜**5月**｜**6月**｜**7月**｜**8月**｜**9月**｜**10月**｜11月｜12月

おにぎり型のかわいい形をした小さな茶色のカメムシ。原っぱや林の周辺の草地でごく普通に見られ、何10匹もの集団を見かけることも多い。冬季はしっかりした植物の茎に10数匹が集まって成虫で越冬する。

[Ko]

## ホソヘリカメムシ　ホソヘリカメムシ科

体　長：14～17㎜

分　布：平地｜山地｜**全域**

出現期：1月｜2月｜3月｜**4月**｜**5月**｜**6月**｜**7月**｜**8月**｜**9月**｜**10月**｜11月｜12月

茶色で後ろ脚が太くて長いスマートなカメムシ。脚の内側には棘があり、背中は褐色のうぶ毛で覆われている。飛ぶ姿はアシナガバチによく似ており、幼虫は形や行動がアリに似ている。イネ科の害虫でもある。

[O]

## ホシハラビロヘリカメムシ　ヘリカメムシ科

[O]

体　長：12～15 mm

分　布：平地｜山地｜全域

出現期：1月｜2月｜3月｜4月｜5月｜6月｜7月｜8月｜9月｜10月｜11月｜12月

褐色で背面中央部に小さな黒点を持った茶色のカメムシ。腹部側面には不明瞭な縞模様がある。マメ科の植物で見られ、特にクズを好む。都市周辺にも広く分布し、個体数も多いが、あまりお目にかかることがない。

## オオクモヘリカメムシ　ヘリカメムシ科

[O]

体　長：17～21 mm

分　布：平地｜山地｜全域

出現期：1月｜2月｜3月｜4月｜5月｜6月｜7月｜8月｜9月｜10月｜11月｜12月

体は美しい緑色で、茶色の翅を持つ細長い大型のカメムシ。幼虫と成虫で食草が異なり、幼虫はネムノキにつき、成虫はカキ、ミカンなど柑橘類の果実の汁を吸収し、果実害虫としても知られている。

## ハリカメムシ　ヘリカメムシ科

[O]

体　長：11～12 mm

分　布：平地｜山地｜全域

出現期：1月｜2月｜3月｜4月｜5月｜6月｜7月｜8月｜9月｜10月｜11月｜12月

茶色でやや細長い小さなカメムシ。両肩は鋭く尖り、触角の付け根に黒い筋がある。平地から山間部のイネ科、タデ科などの雑草でよく見られる。ホソヘリカメムシに似ているが、色が濃いので区別はつく。

## オオホシカメムシ　オオホシカメムシ科

[O]

体　長：15～19 mm

分　布：平地｜山地｜全域

出現期：1月｜2月｜3月｜4月｜5月｜6月｜7月｜8月｜9月｜10月｜11月｜12月

赤褐色で、背中に2つの黒い大きな点があり、翅の下半分が黒いカメムシ。細かい毛が、体全体にある。海岸近くの樹林で生活し、アカメガシワの花穂に群生していることが多い。夏は灯火にもよく集まる。

## セスジナガカメムシ　マダラナガカメムシ科

体　長：約8㎜

分　布：平地｜山地｜全域

出現期：1月｜2月｜3月｜4月｜5月｜6月｜7月｜8月｜9月｜10月｜11月｜12月

鮮やかな赤と黒に塗り分けられたカメムシ。翅の中央、両端は赤で、触角と翅の下側は黒い。小型のカメムシで、山地のボタンヅルに寄生するが、一般的に数は少ない。日当たりの良いやや湿った環境を好む。

## オオトビサシガメ　サシガメ科

体　長：20～27㎜

分　布：平地｜山地｜全域

出現期：1月｜2月｜3月｜4月｜5月｜6月｜7月｜8月｜9月｜10月｜11月｜12月

全身が濃い茶色の大きなサシガメ。全身細かい毛に覆われている。山地の日当たりの良い樹上や草上でよく見られ、小さな昆虫類を捕えて体液を吸う。成虫は樹皮の下や、樹の空洞に群がって越冬する。

## アカサシガメ　サシガメ科

体　長：14～17㎜

分　布：平地｜山地｜全域

出現期：1月｜2月｜3月｜4月｜5月｜6月｜7月｜8月｜9月｜10月｜11月｜12月

全身がつやのある朱色のサシガメ。頭と足は黒褐色で、体の色の濃淡に変異が見られる個体もある。里山の草むらに普通に見られ、蛾の幼虫やハムシなどの小さい昆虫を捕食する。雑草の間に成虫で越冬する。

## ヨコヅナサシガメ　サシガメ科

体　長：16～24㎜

分　布：平地｜山地｜全域

出現期：1月｜2月｜3月｜4月｜5月｜6月｜7月｜8月｜9月｜10月｜11月｜12月

光沢のある黒色で、体の側面が広く張り出し、白黒の縞模様になっている大きなサシガメ。雑木林や公園のサクラなどの幹の窪みに棲むことが多く、都市部の公園などでもしばしば見い出されることも多い。

チョウ
トンボ
コウチュウ
バッタ
カメムシ
ハチ
ハエ
アミメカゲロウ
カゲロウ
カワゲラ
トビケラ
ヘビトンボ
カマキリ
ナナフシ
シリアゲムシ
シロアリ
ゴキブリ
ガロアムシ
ハサミムシ

## ヤニサシガメ　サシガメ科

体　長：12～15㎜
分　布：平地 | 山地 | **全域**
出現期：1月 | 2月 | 3月 | 4月 | **5月** | **6月** | **7月** | 8月 | 9月 | 10月 | 11月 | 12月

[O]

体全体がヤニのような粘着物質で覆われているカメムシ。松の樹上で生活するが周辺の草の上でも見られる。幼虫は樹皮の下などで群れになって越冬する。

## シマサシガメ　サシガメ科

体　長：13～16㎜
分　布：平地 | 山地 | **全域**
出現期：1月 | 2月 | 3月 | 4月 | 5月 | **6月** | **7月** | **8月** | 9月 | 10月 | 11月 | 12月

[O]

体の両側と足が白黒の縞模様になっているやや細身のカメムシ。低木の葉上などで、ハムシ類やテントウムシ類など小さな昆虫を捕食する。幼虫で越冬する。

## アカヘリサシガメ　サシガメ科

体　長：12～15㎜
分　布：平地 | **山地** | 全域
出現期：1月 | 2月 | 3月 | 4月 | **5月** | **6月** | **7月** | **8月** | 9月 | 10月 | 11月 | 12月

[O]

体は黒色で、外縁に赤い縁取りがあるサシガメ。山地の植物上でよく見られ、チョウ、ガの幼虫やハムシやハバチなどの小さな昆虫を捕食する。よく飛ぶ。

## タイコウチ　タイコウチ科

体　長：30～38㎜
分　布：平地 | 山地 | **全域**
出現期：1月 | 2月 | 3月 | **4月** | **5月** | **6月** | **7月** | **8月** | **9月** | **10月** | 11月 | 12月

[Ha]

体は褐色で、水に落ちた小さな枯れ葉の様な色と形をしている。長い呼吸管の先を水面に出して呼吸するシュノーケル型。池や川の流れの弱いところで見られる。

## ミズカマキリ　タイコウチ科

体　長：40 ～ 45 ㎜

分　布：平地｜山地｜**全域**

出現期：1月｜2月｜3月｜4月｜**5月｜6月｜7月｜8月｜9月｜10月**｜11月｜12月

[Ha]

茶褐色で棒のように細長い水生カメムシ。水草などに紛れて獲物を待ち伏せして狩りをする姿はカマキリそっくり。腹の先には体長と同じか、それ以上長い呼吸管がついている。呼吸法はシュノーケル型。水田や池沼に多いが、タイコウチよりもやや深いところを好み、よく泳ぐ。尾についた長い呼吸管は丸い筒ではなく、細い2本のさやが合わさったもの。飛んで移動することも多い。最近は農薬により、個体数が激減している。

## コオイムシ　コオイムシ科

Ⅱ類

体　長：17 ～ 20 ㎜

分　布：**平地**｜山地｜全域

出現期：1月｜2月｜3月｜**4月｜5月｜6月｜7月｜8月｜9月｜10月**｜11月｜12月

[Ha]

茶褐色で体がタマゴ型の扁平な水生カメムシ。水田や池沼の静水に棲む。メスがオスの背中に卵を産みつけ、ふ化するまでの1ヵ月間、オスが卵の世話をする。呼吸方法は翅と背中の間に空気をためて呼吸するボンベ型。

## オオコオイムシ　コオイムシ科

体　長：23 ～ 26 ㎜

分　布：平地｜山地｜**全域**

出現期：1月｜2月｜3月｜**4月｜5月｜6月｜7月｜8月｜9月｜10月**｜11月｜12月

[Ss]

コオイムシによく似ているが、体が大型なことで区別できる。山間部や寒冷地に多い傾向があり、より浅い水域を好むが、まれに混生することもある。コオイムシと同様にメスがオスの背中に産卵し、オスが世話をする。

# タガメ　コオイムシ科

体　長：50 ～ 65 ㎜

準絶

分　布：平地 | 山地 | 全域

出現期：1月 2月 3月 4月 5月 6月 7月 8月 9月 10月 11月 12月

[Hi]

日本最大の肉食水生昆虫。「田にいる亀」というのが和名の由来。大変どう猛で、水中で前足を広げて魚やカエルなどの獲物を待ち、通りかかった獲物をがっちりと捕らえて口吻を突き刺して消化液を流し込み、溶けた肉体を吸い込む“体外消化”を行う（血や体液を吸っているわけではない）。オスは卵塊を保護する習性がある一方、メスは気性が激しく、ほかのメスが産みつけた卵塊を破壊し、その卵を守っていたオスと新たに交尾して自分の卵を産みつける。

## アメンボ　アメンボ科

体　長：11～16㎜
分　布：平地｜山地｜全域
出現期：1月｜2月｜3月｜4月｜5月｜6月｜7月｜8月｜9月｜10月｜11月｜12月

[Ko]

体はほとんど黒色で、全国の川や池沼、水たまりの水面をスイスイ滑っているのをよく見かける。主に水面に落ちた昆虫類を捕えて口吻で刺し、体液を吸う。

## オオアメンボ　アメンボ科

体　長：19～27㎜
分　布：平地｜山地｜全域
出現期：1月｜2月｜3月｜4月｜5月｜6月｜7月｜8月｜9月｜10月｜11月｜12月

[O]

我が国で最大のアメンボ。脚が長く、特に中脚は6㎝もあり、その大きさで多種との区別がつく。アメンボ同様、水面に落ちた昆虫などの体液を吸う。秋に個体が多い。

## マツモムシ　マツモムシ科

体　長：11～14㎜
分　布：平地｜山地｜全域
出現期：1月｜2月｜3月｜4月｜5月｜6月｜7月｜8月｜9月｜10月｜11月｜12月

[Ha]

水面で仰向けに浮かび、長い後ろ足をオールのように使って泳ぐ水生カメムシ。背中の模様が意外とカッコイイ。呼吸方法は、翅と腹部の間に空気をためるボンベ型。

## ニイニイゼミ　セミ科

体　長：32～40㎜（翅端まで）
分　布：平地｜山地｜全域
出現期：1月｜2月｜3月｜4月｜5月｜6月｜7月｜8月｜9月｜10月｜11月｜12月

[Hi]

灰褐色のまだら模様が特徴の小ぶりなセミ。体の模様は個体によってかなり変化が大きい。梅雨明けの頃から鳴き始め、9月初旬まで鳴く。ルーツは南アフリカ。

## コエゾゼミ　セミ科

[Ha]

IB類

体　長：50 ～ 55 ㎜（翅端まで）

分　布：平地｜山地｜全域

出現期：1月｜2月｜3月｜4月｜5月｜6月｜7月｜8月｜9月｜10月｜11月｜12月

小型で胸背には黄白色～淡黄緑色の斑紋がある。腹部腹面は多くは黒色である。本州中部以西では標高 900 ～ 1,500m の山地（ブナ帯）に見られる。本県では八溝山頂にのみ生息。ブナ、ミズナラなど多くの樹木に生息し、梢付近や細い枝に止まってジーと鳴く。間奏音はジッジッ…と断続的である。

## エゾゼミ　セミ科

[So]

体　長：59 ～ 66 ㎜（翅端まで）

分　布：平地｜山地｜全域

出現期：1月｜2月｜3月｜4月｜5月｜6月｜7月｜8月｜9月｜10月｜11月｜12月

コエゾゼミより暗色の大型種で、黄褐色～橙褐色となることで区別できる。中胸背側方は白粉で覆われ、この点でほかのエゾゼミ類と区別される。北海道、東北地方では主に平地に棲むが、本州中部以西では標高 500 ～ 1,000 m の山地（ブナ帯）に生息。梢や小枝に止まり、ギーという太い連続音で鳴く。

## アカエゾゼミ　セミ科

[Ha]

体　長：59 ～ 67 ㎜（翅端まで）

分　布：平地｜山地｜全域

出現期：1月｜2月｜3月｜4月｜5月｜6月｜7月｜8月｜9月｜10月｜11月｜12月

大きさや斑紋などはエゾゼミに似るが、斑紋彩は橙色が強く、オスの腹弁の先端は第３腹節に達しない。エゾゼミとほぼ同じところに生息するが、産地は局所的で、落葉広葉樹相の豊富なところに限る。鳴き声は長く続けビーン…と聞こえるが、エゾゼミの声と鳴き声だけで識別するのは難しい。

## クマゼミ　セミ科

体　長：63 ～ 70 ㎜（翅端まで）
分　布：**平地**｜山地｜全域
出現期：1月｜2月｜3月｜4月｜5月｜6月｜**7月**｜**8月**｜**9月**｜10月｜11月｜12月

日本産セミ類中の最大種。体は背面全体が光沢のある黒色。シャーシャーと大きな声で午前中に鳴く。関東以西に分布し、本県で発生が確認されたのは近年である。

## アブラゼミ　セミ科

体　長：55 ～ 60 ㎜（翅端まで）
分　布：平地｜山地｜**全域**
出現期：1月｜2月｜3月｜4月｜5月｜6月｜**7月**｜**8月**｜**9月**｜10月｜11月｜12月

体は光沢のない黒色で、前胸背内片は赤褐色～黒褐色。翅は赤褐色である。日本全国に普通に見られ日本のセミの代表種である。幼虫期は多くは５年といわれる。

## ハルゼミ　セミ科

準絶

体　長：♂ 33 ～ 37 ㎜・♀ 31 ～ 36㎜（翅端まで）
分　布：**平地**｜山地｜全域
出現期：1月｜2月｜3月｜4月｜**5月**｜**6月**｜7月｜8月｜9月｜10月｜11月｜12月

体はオスでは全体黒色、メスでは褐色で黒斑を持つ。関東以西に分布し、本県では県南西部のマツ林に生息する。晴天時、ギー・ギーと抑揚のある声で鳴き、合唱性が強い。

## エゾハルゼミ　セミ科

体　長：♂ 40 ～ 43 ㎜・♀ 37 ～ 41㎜（翅端まで）
分　布：平地｜**山地**｜全域
出現期：1月｜2月｜3月｜4月｜**5月**｜**6月**｜**7月**｜8月｜9月｜10月｜11月｜12月

ハルゼミよりやや大型で、胸背には緑色や褐色の紋があり、山地（ブナ帯）に見られ、独特な“ミョーキン・ミョーキン…ミョーケケケケ…！”と鳴き、合唱性が強い。

# ヒメハルゼミ　セミ科

分　布：平地｜山地｜全域

体　長：32 ～ 35 ㎜（翅端まで）天　準絶

出現期：1月 2月 3月 4月 5月 6月 7月 8月 9月 10月 11月 12月

[Ko]

体背面は光沢がなく、前胸背および中胸背は褐色および緑褐色の地に明瞭な黒条を持つ。産卵管は長い。6月下旬から8月上旬にかけて出現し、7月上中旬に多い。シイ、カシ類の暖帯林に棲む南方系のセミである。1匹の鳴き声はハルゼミやミンミンゼミと似たところがあり、「カラカラミーンミーン」と聞こえるが、合唱性が強く、一匹が鳴き始めるとほかのセミが一斉に鳴き出す。夕方によく鳴き、ときには「ザー」と突然夕立が来たかのようなすごい合唱となる。羽化は主に日没後に観察され、20 ～ 21 時

に特に頻繁である。交尾はV字型で、産卵は小枝に行う。成虫も幼虫も走光性がある。日本のヒメハルゼミ発生地は3カ所が「国指定天然記念物」となっている。笠間市片庭の発生地（八幡社と楞厳寺）は北限として昭和9年12月28日に指定、摸式産地の千葉県茂原市八幡山は昭和16年12月、日本海側北限の新潟県能生町白山神社は昭和17年10月に指定された。茨城県にはほかに石岡市（旧八郷町）小山田と菖蒲沢の2カ所に発生地があり、昭和51年12月14日に市の天然記念物に指定された。

## ヒグラシ　セミ科

体　長：41 ～ 50 ㎜（翅端まで）

分　布：平地｜山地｜全域

出現期：1月｜2月｜3月｜4月｜5月｜6月｜7月｜8月｜9月｜10月｜11月｜12月

中胸背の斑紋は明瞭で、緑色、赤褐色、黒色からなる。平地から山地にかけて薄暗い林中に生息し、明け方や夕方に合唱する。スギ、ヒノキの植林中に多いが、広葉樹林にも見られる。“カナカナカナカナ…（ケケケ）”という単純な声で、鳴く前にしばしば“クークー”と弱く発音する。

## ツクツクボウシ　セミ科

体　長：41 ～ 47 ㎜（翅端まで）

分　布：平地｜山地｜全域

出現期：

胸背は黒色地に暗緑褐色の紋を持つ。オスの腹弁は三角形で、先端は尖り、ときには外方を向くことがある。平地から低山地に見られ、サクラ、カキノキなど多くの樹種に生息し、独特のリズミカルな声で鳴く。鳴くときに腹部を伸び縮みさせて鳴く姿はほかのセミにはない本種の顕著な特徴である。“ジュージュクジュク…”という序奏のあと”オーシンツクツク”という単位を繰り返した後に“オシオーシ”に変えて数回繰り返して終了する。

## ミンミンゼミ　セミ科

体　長：55～63㎜（翅端まで）

分　布：平地｜山地｜**全域**

出現期：1月｜2月｜3月｜4月｜5月｜6月｜**7月**｜**8月**｜**9月**｜10月｜11月｜12月

胸背は緑色と黒色部からなり黒地に緑色斑のもの、逆に緑色地に黒色斑のものなど、いろいろな段階が連続して見られる。本種の変異系で、黒色部を欠きほぼ全体が淡緑色となるものをミカドミンミンと呼び、本県では筑波山などで見られる。東日本では主に平地に、西日本では主に低山地～山地に生息する。ケヤキ、サクラなどの喬木を好み、幹に止まって“ミーン・ミンミンミン…”と繰り返して大声で鳴く。主に朝から午前中に鳴く。

[O]

## チッチゼミ　セミ科

体　長：27～32㎜（翅端まで）

分　布：平地｜**山地**｜全域

出現期：1月｜2月｜3月｜4月｜5月｜6月｜**7月**｜**8月**｜**9月**｜**10月**｜11月｜12月

[So]

体は光沢のない黒色で、体表には細かな銀灰色の鱗毛が密生する。前胸背の中央縦帯と外片は暗褐色で1対の三角形紋は黄褐色である。低山地から山地に多く、主にアカマツやスギ、ときにはミズナラ、ツツジなどの小枝などに止まって“チッ・チッ・チッ…”と小さな声で鳴く。

## アオバハゴロモ　アオバハゴロモ科

[Hi]

体　長：9～11 mm

分　布：平地 山地 **全域**

出現期：1月 2月 3月 4月 5月 6月 7月 **8月** **9月** 10月 11月 12月

全体が美しい淡緑色で、左右に扁平。各種の植物の枝の中に産卵する。卵の状態で越冬し、翌年の初夏に幼虫が現れ、7月下旬に成虫になる。幼虫は白色のロウ質物で覆われている。幼虫、成虫ともに小集団を作っていることが多い。多食性であり、ミカン類、クリ、サクラ、ウメなどに害を与える。

## アミガサハゴロモ　ハゴロモ科

[Ko]

体　長：10～14 mm

分　布：平地 山地 **全域**

出現期：1月 2月 3月 4月 5月 6月 **7月** **8月** **9月** 10月 11月 12月

体は黒く、ときに暗緑色の粉に覆われる。前翅は暗褐色～黒褐色で先端が尖り、側縁の中央には、わずかに白みがかった斑紋があり、縦脈が密に走っている。本属では日本で知られる唯一の種で本州、四国、九州に分布し、カシ類の葉上で見られ、数は多くはない。幼虫は腹端にロウ物質でできた毛束を持つ。

## スケバハゴロモ　ハゴロモ科

[Ko]

体　長：9～10 mm

分　布：平地 山地 **全域**

出現期：1月 2月 3月 4月 5月 6月 **7月** **8月** **9月** 10月 11月 12月

体は主に黒褐色。翅は幅広く、中央部に暗褐色の不連続帯状紋があり、これと周縁部以外は大部分が透明である。本州、九州、四国に分布し、タケニグサ、クズなどいろいろな植物につく。キイチゴ類、クワ、ブドウなどの害虫とされる。やや個体数の少ない種である。幼虫は腹端にロウ物質でできた毛束を持つ。

## ベッコウハゴロモ　ハゴロモ科

体　長：9～11㎜
分　布：平地｜山地｜全域
出現期：1月｜2月｜3月｜4月｜5月｜6月｜7月｜8月｜9月｜10月｜11月｜12月

[O]

体と前翅は暗褐色ないし暗黄褐色で、体腹面および脚は黄褐色。前翅には灰白色の斑紋を持つがかなり変異がある。クズ、ウツギ、クワ、柑橘類などに多い。

## ツマグロオオヨコバイ　ヨコバイ科

体　長：約13㎜
分　布：平地｜山地｜全域
出現期：1月｜2月｜3月｜4月｜5月｜6月｜7月｜8月｜9月｜10月｜11月｜12月

[O]

体は黄緑色で頭部と前胸背に顕著な黒点があり、前翅末端は黒い。各種の樹木につき、極めて普通の種で成虫越冬する。危険を感じると横に移動、葉の裏に隠れる。

## ミミズク　ミミズク科

体　長：14～19㎜
分　布：平地｜山地｜全域
出現期：1月｜2月｜3月｜4月｜5月｜6月｜7月｜8月｜9月｜10月｜11月｜12月

[O]

体は暗褐色から黒褐色。前胸背に大きな耳状突起を持ち、メスでは特に大きく前方に伸びている。成虫は7月頃から現れ、成虫で越冬する。クヌギなどのブナ科植物につく。

## モンキアワフキ　アワフキムシ科

体　長：13～14㎜
分　布：平地｜山地｜全域
出現期：1月｜2月｜3月｜4月｜5月｜6月｜7月｜8月｜9月｜10月｜11月｜12月

[O]

体はほぼ淡褐色または淡暗褐色。翅鞘には暗い不明瞭な斑紋があり、翅端より1/3のところに黄色の小紋がある。北海道から九州の山地に棲みヤナギ類で見られる。

## アカハネナガウンカ　ハネナガウンカ科

体　長：9～10㎜
分　布：平地｜山地｜全域
出現期：1月｜2月｜3月｜4月｜5月｜6月｜7月｜8月｜9月｜10月｜11月｜12月

本属を代表する唯一の種で体は鮮やかで丸みのある体形をしている。体長の倍以上もある長い透明な翅を持つ。ススキなどのイネ科に寄生する。サトウキビの害虫でもある。

## ナワコガシラウンカ　コガシラウンカ科

体　長：約10㎜
分　布：平地｜山地｜全域
出現期：1月｜2月｜3月｜4月｜5月｜6月｜7月｜8月｜9月｜10月｜11月｜12月

体は扁平で頭部は小さく前胸背の幅の約半分である。前翅の暗褐色の斑紋は個体変異に富む。本州、四国の山地の広葉樹林に生息。危険を感じるとひと蹴りで姿を消す。

## ヒモワタカイガラムシ　カタカイガラムシ科

体　長：♂約1.2㎜・♀3～7㎜
分　布：平地｜山地｜全域
出現期：1月｜2月｜3月｜4月｜5月｜6月｜7月｜8月｜9月｜10月｜11月｜12月

メス成虫は前体部と後体部からなるが、虫の本体は前体部で3～7㎜の楕円形で、樹木に密着している。卵嚢は白いリング状の帯。オスは体長約1.2㎜で黄色い翅を持つ。

## クリオオアブラムシ　アブラムシ科

体　長：4～5㎜
分　布：平地｜山地｜全域
出現期：1月｜2月｜3月｜4月｜5月｜6月｜7月｜8月｜9月｜10月｜11月｜12月

無翅胎生雌の体は黒色、大型種で体毛が多い。有翅胎生雌は黒色で白い斑紋がある。クリ、コナラなどの幹や枝に多く、秋に多数の産卵雌が卵をまとめて産み卵で越冬。

## ヒラアシキバチ　キバチ科

体　長：23～35㎜
分　布：平地｜山地｜全域
出現期：1月｜2月｜3月｜4月｜5月｜6月｜7月｜8月｜9月｜10月｜11月｜12月

ハチというと“刺す”“大きな巣を造る”といったイメージが強いが、全体でみると巣を造るのは一部の種に過ぎない。キバチ科やハバチ科、ミフシハバチ科などのなかまは、腰にくびれのないグループで、毒針がなく刺すことはない。木や葉に産卵するので巣を造ることもない。腹部先端に針状の産卵管をもつ本種は、エノキの枯死部に産卵する。産卵管を突き刺したまま死んでしまうことも多い。幼虫は枯れた部分に穿孔して成長する。

[O]

## ルリチュウレンジ　ミフシハバチ科

体　長：7～11㎜
分　布：平地｜山地｜全域
出現期：1月｜2月｜3月｜4月｜5月｜6月｜7月｜8月｜9月｜10月｜11月｜12月

[O]

光沢のある青藍色の体で、針はなく刺さない。花の蜜などを食べ、ツツジ類の葉に産卵する。幼虫はツツジの園芸害虫で公園や人家の庭などでも発生することがある。

## ニホンカブラハバチ　ハバチ科

体　長：5～10㎜
分　布：平地｜山地｜全域
出現期：1月｜2月｜3月｜4月｜5月｜6月｜7月｜8月｜9月｜10月｜11月｜12月

[O]

頭部と胸部後半は黒色で、胸部前半と腹部は橙黄色。針はなく刺さない。主にアブラナ科の植物に産卵する。幼虫は黒く、カブやダイコンを食害する。

## ウマノオバチ　コマユバチ科

体　長：15～24 ㎜　準絶

分　布：平地｜山地｜全域

出現期：1月｜2月｜3月｜4月｜5月｜6月｜7月｜8月｜9月｜10月｜11月｜12月

[Ko]

体は黄褐色で、触角と後脚が黒色。前翅に３個、後翅に１個の黒褐色の斑紋がある。体長の６～９倍の長さの産卵管を持ち、樹木の内部に棲むシロスジカミキリなどの幼虫に寄生する。和名は、産卵管がウマのしっぽのように長いことに由来する。長い産卵管を引きずるように飛翔する。

## オオホシオナガバチ　ヒメバチ科

[Ko]

体　長：30～40 ㎜

分　布：平地｜山地｜全域

出現期：1月｜2月｜3月｜4月｜5月｜6月｜7月｜8月｜9月｜10月｜11月｜12月

腹部は非常に長く、黄色い紋がある。触角を使って枯れ木の中のキバチの幼虫を探し、長い産卵管を錐のように差し込んで、キバチの幼虫の体内に産卵する。性格はいたって穏やかで、毒針はなく刺さない。

## クロハラヒメバチ　ヒメバチ科

[O]

体　長：約 27 ㎜

分　布：平地｜山地｜全域

出現期：1月｜2月｜3月｜4月｜5月｜6月｜7月｜8月｜9月｜10月｜11月｜12月

ヒメバチでは大型で、翅は褐色、先端部が青い。後胸背、前伸腹節、腹部第４～７背板は黒色だが体色は変異に富む。エビガラスズメ、シモフリスズメに寄生する。ヒメバチに毒針はなく、刺すことはない。

## オオセイボウ　セイボウ科

体　長：12～20 ㎜
分　布：平地 山地 **全域**
出現期：1月 2月 3月 4月 5月 **6月 7月 8月 9月 10月** 11月 12月

[So]

体色は変化に富み、紫菫色から青緑色に輝く美しいハチ。スズバチ類やトックリバチ類などに寄生する。本州ではスズバチの巣への寄生がよく見られる。

## ムツバセイボウ　セイボウ科

体　長：10～12 ㎜
分　布：平地 山地 **全域**
出現期：1月 2月 3月 4月 **5月 6月 7月 8月 9月** 10月 11月 12月

[Ko]

紫青色から青緑色に輝く美しいハチ。腹部には紅金色の横帯がある。腹部末端に6歯を持つのが名前の由来。ドロバチ科のフタスジスズバチに寄生する。

## クロオオアリ　アリ科

体　長：働きアリ 7～12 ㎜　女王 アリ約 20㎜
分　布：平地 山地 **全域**
出現期：1月 2月 3月 **4月 5月 6月 7月 8月 9月** 10月 11月 12月

[Hi]

黒色の大型種で、道端、草原など開けた場所の地中に巣を造る。住宅地などにもよく見られる普通種である。羽アリは5月から6月に現れる。

## ムネアカオオアリ　アリ科

体　長：働きアリ 7～12 ㎜　女王 アリ約 20㎜
分　布：平地 **山地** 全域
出現期：1月 2月 3月 **4月 5月 6月 7月 8月 9月 10月** 11月 12月

[O]

黒色で、胸部と腹部上部が赤褐色の大型種で、平地から山地の林に見られ、朽ち木や木の根元などに巣を造る。羽アリは5月から6月に現れる。

## トゲアリ　アリ科

Ⅱ類

体　長：働きアリ 7～8 ㎜　女王アリ約 10㎜
分　布：平地｜山地｜全域
出現期：1月｜2月｜3月｜4月｜5月｜6月｜7月｜8月｜9月｜10月｜11月｜12月

[Ha]

胸部と腹柄節が赤褐色で、腹柄節には棘状の突起を持つので区別は容易。クロオオアリなどの巣に一時的社会寄生する。巣は、立木のうろの中などに造る。

## ベッコウクモバチ　クモバチ科

体　長：13～27 ㎜
分　布：平地｜山地｜全域
出現期：1月｜2月｜3月｜4月｜5月｜6月｜7月｜8月｜9月｜10月｜11月｜12月

[In]

オスよりメスが大きく頭部と脚は橙色。クモ類を狩って産卵し幼虫の餌にする。草原や人家周辺など里山の環境でよく見られ、地上付近を徘徊していることが多い。

## キオビクモバチ　クモバチ科

体　長：16～28 ㎜
分　布：平地｜山地｜全域
出現期：1月｜2月｜3月｜4月｜5月｜6月｜7月｜8月｜9月｜10月｜11月｜12月

[Ko]

オスとメスで色彩がまったく異なる（写真はメス）。オニグモやコガネグモなどのクモ類を狩り、狩猟後に土中に単独房を掘って獲物を運び込む。

## キンケハラナガツチバチ　ツチバチ科

体　長：16～27 ㎜
分　布：平地｜山地｜全域
出現期：1月｜2月｜3月｜4月｜5月｜6月｜7月｜8月｜9月｜10月｜11月｜12月

[O]

東部から胸部にかけて、黄褐色から赤褐色の長毛を密生する。オスは触角が長い。各種の花に訪れるのをよく見かけ、スジコガネなどの幼虫に寄生する。

## オオスズメバチ　スズメバチ科

体　長：27～45 ㎜
分　布：平地 山地 全域
出現期：1月 2月 3月 4月 5月 6月 7月 8月 9月 10月 11月 12月

[O]

世界最大のスズメバチで、胸部下部に赤褐色の紋がある。雑木林の樹液によく集まり、巣は樹洞や土中に造る。強力な毒針を持ち、秋は攻撃的になる。

## コガタスズメバチ　スズメバチ科

体　長：21～29 ㎜
分　布：平地 山地 全域
出現期：1月 2月 3月 4月 5月 6月 7月 8月 9月 10月 11月 12月

[Ha]

オオスズメバチに似るが胸部は黒色で中型のスズメバチ。樹上や軒下に球型の巣を造るが、初期はトックリを逆さにしたような形をしている。

## ヒメスズメバチ　スズメバチ科

体　長：25～35 ㎜
分　布：平地 山地 全域
出現期：1月 2月 3月 4月 5月 6月 7月 8月 9月 10月 11月 12月

[O]

腹部の末端が黒色で、ほかのスズメバチより性格は穏やかである。アシナガバチ類の巣を襲い、幼虫や蛹を略奪して自分たちの幼虫の餌にする。

## モンスズメバチ　スズメバチ科

体　長：19～28 ㎜
分　布：平地 山地 全域
出現期：1月 2月 3月 4月 5月 6月 7月 8月 9月 10月 11月 12月

[O]

腹部の帯が波形になっている小型のスズメバチ。セミを好んで捕らえ、幼虫の餌にする。巣は、木の洞、屋根裏、地中などの閉鎖空間に造る。

## クロスズメバチ　スズメバチ科

体　長：10～16 mm
分　布：平地｜山地｜全域
出現期：1月｜2月｜3月｜4月｜5月｜6月｜7月｜8月｜9月｜10月｜11月｜12月

[So]

体色は黒色で乳白色の縞模様があり、地中や屋根裏に巣を造る。"ジバチ"と呼ばれ、幼虫や蛹を食用とする地方がある。様々な昆虫類を狩り、死骸などにも集まる。

## キボシアシナガバチ　スズメバチ科

体　長：13～18 mm
分　布：平地｜山地｜全域
出現期：1月｜2月｜3月｜4月｜5月｜6月｜7月｜8月｜9月｜10月｜11月｜12月

[O]

腹部の第2節以降の節に赤褐色の帯があり、ほかのアシナガバチとの区別になる。巣は木の枝や葉裏に造られ、マユのふたは鮮やかな黄色をしている。

## コアシナガバチ　スズメバチ科

体　長：9～17 mm
分　布：平地｜山地｜全域
出現期：1月｜2月｜3月｜4月｜5月｜6月｜7月｜8月｜9月｜10月｜11月｜12月

[Ko]

鮮黄色の紋が目立つ小型のアシナガバチ。木の枝、軒下など様々な場所に、反り返った巣を造る。平地から低山地にかけて広く生息する。

## フタモンアシナガバチ　スズメバチ科

体　長：14～20 mm
分　布：平地｜山地｜全域
出現期：1月｜2月｜3月｜4月｜5月｜6月｜7月｜8月｜9月｜10月｜11月｜12月

[O]

腹部の上部に一対の黄色紋を持つ。ほかのアシナガバチに比べて黒色部の面積が大きく、黄色部は明瞭。人家周辺に多く、育房数は1,000を超す場合がある。

## ムモンホソアシナガバチ　スズメバチ科

体　長：14～20 ㎜
分　布：平地　山地　**全域**
出現期：1月 2月 3月 **4月 5月 6月 7月 8月 9月 10月** 11月 12月

[Ko]

淡黄色で暗褐色の斑紋がある細長いアシナガバチ。ヒメホソアシナガバチの頭盾には黒色の斑紋があり区別がつく。丸みを帯びた長方形の巣を、葉裏によく造る。

## エントツドロバチ　スズメバチ科

体　長：14～18 ㎜
分　布：平地　山地　**全域**
出現期：1月 2月 3月 4月 **5月 6月 7月 8月 9月 10月** 11月 12月

[Hs]

物の隙間や竹筒に泥で巣を造り、巣を完成させるまで煙突状の入口を設ける。日本ではオスが見つかっていない。頭盾はほぼ全体が橙黄色で胸部は黒色。

## ムモントックリバチ　スズメバチ科

体　長：12.5～15 ㎜
分　布：平地　山地　**全域**
出現期：1月 2月 3月 4月 **5月 6月 7月 8月 9月 10月** 11月 12月

[Ko]

体は黒色で黄色い紋や帯があり、腹部第1節がくびれて胸部側面に黄斑をもつ。泥でつぼ型の巣を造り、シャクガなどの幼虫を狩って運び入れる。

## オオフタオビドロバチ　ドロバチ科

体　長：10～21 ㎜
分　布：平地　山地　**全域**
出現期：1月 2月 3月 4月 **5月 6月 7月 8月 9月 10月** 11月 12月

[O]

体は黒色で、腹部に2本の黄色帯を持つ。樹木に開いたカミキリムシ類の脱出孔、竹筒などに営巣し、泥で仕切られた部屋を造る。ハマキガなどの幼虫を狩る。

## サトジガバチ　アナバチ科

体　長：10～25 ㎜
分　布：平地｜山地｜全域
出現期：1月｜2月｜3月｜4月｜5月｜6月｜7月｜8月｜9月｜10月｜11月｜12月

[Ko]

ヤマジガバチに酷似するが、本種はやや小さく低地に多い。地面に孔を掘り営巣し、シロチョウ類やガ類の幼虫などを狩って幼虫に与える。

## クロアナバチ　アナバチ科

体　長：20～30 ㎜
分　布：平地｜山地｜全域
出現期：1月｜2月｜3月｜4月｜5月｜6月｜7月｜8月｜9月｜10月｜11月｜12月

[O]

体は黒色で、顔面や胸部側面などに銀白色の毛を持つ。地中に深い穴を掘って営巣し、ツユムシやクビキリギスなどを狩る。巣の近くに偽の坑道を掘る。

## ニッポンハナダカバチ　ギングチバチ科

Ⅱ類

体　長：20～23 ㎜
分　布：平地｜山地｜全域
出現期：1月｜2月｜3月｜4月｜5月｜6月｜7月｜8月｜9月｜10月｜11月｜12月

[Ss] [Ss] [Ko]

体は黒色で黄白色の斑紋がある。上唇が突出しているので「鼻高バチ」と命名された。砂浜や河川の砂地に営巣するが、ときに公園のような開けた環境にも見られる。ハエやアブの成虫を狩る。最初の獲物に産卵し、その後、幼虫の成長に合わせて随時獲物を運んでいく随時給餌を行う。

## ニホンミツバチ　ミツバチ科

体　長：10～13 mm
分　布：平地｜山地｜全域
出現期：1月｜2月｜3月｜4月｜5月｜6月｜7月｜8月｜9月｜10月｜11月｜12月

[O]

暗褐色で、腹部は縞模様が見られる。セイヨウミツバチより黒っぽく、腹部上部は橙色にならない。出現期間は長く多種の花を訪れる。木の洞や地中に巣を造る。

## トラマルハナバチ　ミツバチ科

体　長：10～24 mm
分　布：平地｜山地｜全域
出現期：1月｜2月｜3月｜4月｜5月｜6月｜7月｜8月｜9月｜10月｜11月｜12月

[O]

体は赤橙色から淡橙色毛で覆われている。平地から山地に最も普通に見られるマルハナバチである。中舌が長く、蜜源の深い花にも訪れる。

## コマルハナバチ　ミツバチ科

体　長：8～22 mm
分　布：平地｜山地｜全域
出現期：1月｜2月｜3月｜4月｜5月｜6月｜7月｜8月｜9月｜10月｜11月｜12月

[O]

オスは淡黄褐色毛で、メスは黒色毛でおおわれており、雌雄とも腹端に橙色毛がある。女王は3月から活動をはじめる。オスは梅雨ごろ見られ、巣は夏前に解散する。

## キムネクマバチ　ミツバチ科

体　長：18～25 mm
分　布：平地｜山地｜全域
出現期：1月｜2月｜3月｜4月｜5月｜6月｜7月｜8月｜9月｜10月｜11月｜12月

[O]

黒色で、胸部には黄色毛が密生する。材木や枯れ枝などに穴をあけ、巣を造る。人家周辺にも現れ、いろいろな花を訪れる。性格は極めて温厚である。

## ダイミョウキマダラハナバチ　ミツバチ科

体　長：10〜13㎜
分　布：平地｜山地｜**全域**
出現期：1月 2月 3月 **4月** **5月** 6月 7月 8月 9月 10月 11月 12月

[Hs]

黒褐色の体で、腹部に黄色の縞模様がある。キマダラハナバチ類の中では大きい種。ヒゲナガハナバチ類に労働寄生する。タンポポ類などによく訪花する。

## オオハキリバチ　ハキリバチ科

体　長：13〜25㎜
分　布：平地｜山地｜**全域**
出現期：1月 2月 3月 4月 5月 **6月** **7月** **8月** 9月 10月 11月 12月

[Ha]

体は黒色で大型のハナバチ。胸部は黄褐色の毛が密生する。ハキリバチ類は植物の葉を使って巣を造るが、本種は竹筒などに木のヤニを使って巣を造る。

## ミカドガガンボ　ガガンボ科

体　長：30〜38㎜
分　布：平地｜山地｜**全域**
出現期：1月 2月 3月 **4月** **5月** **6月** **7月** **8月** **9月** 10月 11月 12月

[O]

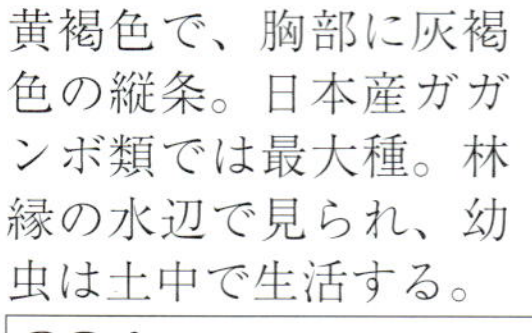

黄褐色で、胸部に灰褐色の縦条。日本産ガガンボ類では最大種。林縁の水辺で見られ、幼虫は土中で生活する。

## マダラガガンボ　ガガンボ科

体　長：28〜38㎜
分　布：平地｜**山地**｜全域
出現期：1月 2月 3月 **4月** **5月** **6月** **7月** **8月** **9月** 10月 11月 12月

[O]

黄褐色で、翅には斑紋が見られる。日本産ガガンボ類では最大級。渓流沿いに見られ、幼虫は水生である。

## ウシアブ　アブ科

体　長：17〜25㎜
分　布：平地｜山地｜**全域**
出現期：1月 2月 3月 4月 5月 **6月** **7月** **8月** **9月** 10月 11月 12月

[O]

体は褐色で複眼は緑色、腹部背面中央に黄白色の三角斑が並ぶ。成虫は牧場などでウシ、ウマから吸血する。

## アオメアブ　ムシヒキアブ科

体　長：20 ～ 30 ㎜
分　布：平地｜山地｜全域
出現期：1月｜2月｜3月｜4月｜5月｜6月｜7月｜8月｜9月｜10月｜11月｜12月

[O]

体は黄褐色で脚は黒色。脛節の部分は明るい黄褐色。青緑色の複眼が目立つが、死ぬと色は消える。草原や林の周辺で見られ、甲虫、ハエなどほかの昆虫の体液を吸う。

## オオイシアブ　ムシヒキアブ科

体　長：15 ～ 25 ㎜
分　布：平地｜山地｜全域
出現期：1月｜2月｜3月｜4月｜5月｜6月｜7月｜8月｜9月｜10月｜11月｜12月

[O]

体色は黒色で黒い長毛が生えている。腹部と脚には部分的に橙色の長毛がある。林の周辺の地面などに止まっているのが見られる。ほかの昆虫を捕らえて食べる。

## シオヤアブ　ムシヒキアブ科

分　布：平地｜山地｜全域
体　長：24 ～ 30 ㎜
出現期：1月｜2月｜3月｜4月｜5月｜6月｜7月｜8月｜9月｜10月｜11月｜12月

[So]

体色は黒褐色で全身に黄色の毛がある。腹部は黒色と黄褐色の縞模様に見える。脚は黒色で、脛節の部分が黄褐色。オスの腹端には白い毛の束がある。草原や林の、日のあたる場所でよく見られる。飛翔中の昆虫を捕まえ、ときには自身より大型のオニヤンマやスズメバチ類も捕まえる。

## トラフムシヒキ　ムシヒキアブ科

体　長：20～28㎜
分　布：平地｜山地｜全域
出現期：1月｜2月｜3月｜4月｜5月｜6月｜7月｜8月｜9月｜10月｜11月｜12月

[Ko]

体色は黒色で胸部には白い斑紋がある。腹部は名前のように濃褐色と淡黄色のトラ縞模様になっている。翅は暗色である。オスの交接器は大きく独特の形状をしている。オスのほうが小型である（写真右）。林の周辺などで見られ、甲虫やハエ、ガなど、ほかの昆虫を捕らえて食べる。

## クロバネツリアブ　ツリアブ科

体　長：14～18㎜
分　布：平地｜山地｜全域
出現期：1月｜2月｜3月｜4月｜5月｜6月｜7月｜8月｜9月｜10月｜11月｜12月

[O]

体色は黒色で、黒色の短毛で覆われる。腹部第３・７節には白色の帯がある。翅は黒色で紫色の光沢がある。成虫は花に集まるが、特にヤブカラシの花によくくる。

## ビロウドツリアブ　ツリアブ科

体　長：8～12㎜
分　布：平地｜山地｜全域
出現期：1月｜2月｜3月｜4月｜5月｜6月｜7月｜8月｜9月｜10月｜11月｜12月

[O]

体色は黒色で、長い黄褐色の長毛を密生している。非常に長い口吻を持ち、ホバリングして花の蜜を吸う。幼虫は、土中に巣を造るヒメハナバチ類に寄生する。

## オオハナアブ　ハナアブ科

[O]

体　長：14～16㎜

分　布：平地 | 山地 | **全域**

出現期：1月 2月 3月 **4月 5月 6月 7月 8月 9月 10月** 11月 12月

体色は黒色で、頭部は大きくて半球状、複眼に縞模様が見られる。腹部に太い赤黄色の帯があり、太く丸い体をしている。市街地でも見られる普通種。幼虫は水中で育ち、成虫も、湿地に咲く花でよく見られる。

## シマハナアブ　ハナアブ科

[Ko]

体　長：10～14㎜

分　布：平地 | 山地 | **全域**

出現期：1月 2月 3月 **4月 5月 6月 7月 8月 9月 10月** 11月 12月

体は黒色で、腹部に明瞭な赤黄色の三角斑と縞模様がある。ハナアブとともに各地に普通であるが、本種のほうがより小型で、腹部の黒い横帯が明瞭で縞模様が目立つことで区別できる。幼虫は水棲で、腐食物を食べる。

## シロスジベッコウハナアブ　ハナアブ科

[O]

体　長：16～18㎜

分　布：平地 | 山地 | **全域**

出現期：1月 2月 3月 4月 5月 **6月 7月 8月 9月 10月** 11月 12月

体は光沢のある黒色。胸部の側縁は橙黄色、腹部の上部に白帯がある。マルハナバチの仲間に擬態しているといわれている。成虫は各種の花を訪れ、幼虫は土中に巣を造るクロスズメバチなどの巣に寄生している。

## ハナアブ　ハナアブ科

[Ko]

体　長：14～16㎜

分　布：平地 | 山地 | **全域**

出現期：1月 2月 3月 **4月 5月 6月 7月 8月 9月 10月 11月** 12月

体は黒色で、胸部は褐色、腹部には赤黄色の縞模様がある。世界的に広く分布する普通種である。成虫は花によく集まり、冬近くにはヤツデの花に多い。幼虫は下水溝などの汚水中に生息し、腐食物を食べる。

## ヘリヒラタアブ　ハナアブ科

体　長：12～14 ㎜
分　布：平地｜山地｜全域
出現期：1月｜2月｜3月｜4月｜5月｜6月｜7月｜8月｜9月｜10月｜11月｜12月

[O]

体色は黒色で、腹部にきれいな水色の帯模様がある。オスの複眼は接するが、メスでは離れる。成虫は花の蜜や花粉を食べる。幼虫は肉食でアブラムシ類を食べる。

## ホソヒラタアブ　ハナアブ科

体　長：8～11 ㎜
分　布：平地｜山地｜全域
出現期：1月｜2月｜3月｜4月｜5月｜6月｜7月｜8月｜9月｜10月｜11月｜12月

[O]

黄褐色の体色で胸部には5本の縦条があり、腹部には各節に2本の黒色の横帯がある。縦長の体型である。成虫は花の蜜や花粉を食べ、幼虫はアブラムシ類を食べる。

## マダラアシナガバエ　アシナガバエ科

体　長：5～6 ㎜
分　布：平地｜山地｜全域
出現期：1月｜2月｜3月｜4月｜5月｜6月｜7月｜8月｜9月｜10月｜11月｜12月

[O]

体色は金属光沢のある緑色ないし藍青色。触覚は黒色で、長い脚を持つ。翅に黒褐色の斑紋がある。雑木林の周辺の、日当たりの良い場所で、見かけることが多い。

## ヨコジマオオハリバエ　ヤドリバエ科

体　長：14～20 ㎜
分　布：平地｜山地｜全域
出現期：1月｜2月｜3月｜4月｜5月｜6月｜7月｜8月｜9月｜10月｜11月｜12月

[Ko]

体色は黄土色で、腹部背面に幅広い黒色帯があり、腹板に強い剛毛を持つ。全身に毛が生えている。卵胎生で、メスは卵を腹の中でふ化させてから幼虫を産む。

## クロセンブリ　センブリ科

体　長：18～28㎜

分　布：平地｜山地｜全域

出現期：1月｜2月｜3月｜4月｜5月｜6月｜7月｜8月｜9月｜10月｜11月｜12月

体色は全体的に黒色、暗褐色の短毛が多く生える。前後翅とも半透明で全体的に黒色。幼虫は緩やかな清流に生息している。成虫もその近くの草や枝木に止まっていることが多い。成虫の出現期間は短く、場所も限られる。また、外見だけでネグロセンブリやヤマトセンブリなどの近似種と区別することは難しい。

## ネグロセンブリ　センブリ科

体　長：18～28㎜

分　布：平地｜山地｜全域

出現期：1月｜2月｜3月｜4月｜5月｜6月｜7月｜8月｜9月｜10月｜11月｜12月

体色は全体的に黒色、暗褐色の短毛が多く生える。前後翅とも半透明の暗褐色で、前翅の基部は黒色。幼虫は水生で水生昆虫などを食べる。成虫は水辺に生える草木の花粉などを食べる。成虫の出現期間は短く、場所も限られる。外見だけでほかのセンブリ類と区別することは難しく生殖器などの比較が必要。

## ラクダムシ　ラクダムシ科

体　長：8～12㎜

分　布：平地｜山地｜全域

出現期：1月｜2月｜3月｜4月｜5月｜6月｜7月｜8月｜9月｜10月｜11月｜12月

黒色で細長く透明の翅を持っている。腹部には、黄白色の斑紋列がある。メスは長い産卵管を持つ。マツ林、照葉樹林などで見られる。幼虫は、シイやマツの倒木の樹皮下などに生息し、小昆虫などを捕食する。ラクダムシという和名は、成虫の頚が長く、中胸の膨らみがラクダのこぶを思わせることによる。

## クサカゲロウ　クサカゲロウ科

[O]

体　長：14～18㎜

分　布：平地 | 山地 | **全域**

出現期：1月 2月 3月 **4月 5月 6月 7月 8月 9月 10月** 11月 12月

成虫は緑色の体で翅脈が細かい網目状になった透明な翅を持つ。夜行性。体に触れると臭気を発するので、「臭いカゲロウ」が名前の由来という説もあるがクサカゲロウからは出ない。卵は糸状の先に吊り下げられて、「ウドンゲ」といわれる。ウドンゲとは、仏教の伝説にある架空の花のことである。

## キカマキリモドキ　カマキリモドキ科

[So]

体　長：約20㎜

分　布：平地 | **山地** | 全域

出現期：1月 2月 3月 4月 5月 **6月 7月 8月 9月** 10月 11月 12月

体色は黄褐色で、暗褐色の紋がある。前脚は、カマキリのような鎌形状で、顔もカマキリに似ている。翅は透明で網目模様。ヒメカマキリモドキに似るが、より大型で、体色が明瞭である。また地上にいることが多い。山地の雑木林の林縁などで見られ、小昆虫を捕らえて食べる。灯火によく飛来する。

## ヒメカマキリモドキ　カマキリモドキ科

[Ko]

体　長：8～14㎜

分　布：平地 | 山地 | **全域**

出現期：1月 2月 3月 4月 5月 **6月 7月 8月 9月** 10月 11月 12月

体色は黄褐色で、茶褐色～暗褐色の紋がある。体色には個体変異がある。翅は透明で網目模様。雑木林の林縁などで見られ、小昆虫を捕らえて食べる。灯火によく飛来する。キカマキリモドキに似るが、ずっと小型で、葉上で生活する点が異なる。幼虫は、エドコマチグモなどの卵嚢に寄生して育つ。

## オオツノトンボ　ツノトンボ科

体　長：約 30 mm

分　布：平地｜山地｜**全域**

出現期：1月｜2月｜3月｜4月｜5月｜**6月**｜**7月**｜**8月**｜**9月**｜10月｜11月｜12月

腹部が青灰色で黄色と白の斑紋があるツノトンボ。翅は透明で、触角がとても長い。変なトンボが採れたと話題になることもあるが、トンボと名前がついてもトンボ類ではなく、分類上はウスバカゲロウに近い。開けた草原で見られ、灯火にもよく飛来する。茨城県では、ツノトンボと比べれば個体数は少ない。幼虫はアリジゴクの形をしているが、すり鉢状の巣は造らず、雑木林の落ち葉の下などに棲み、歩き回って小昆虫を捕らえて食べる。

[O]

## キバネツノトンボ　ツノトンボ科

体　長：約 23 mm

分　布：平地｜山地｜**全域**

出現期：1月｜2月｜3月｜4月｜**5月**｜**6月**｜7月｜8月｜9月｜10月｜11月｜12月

[So]　[So]

触角が長く先が膨らんでいる。前翅は透明で、後翅は黒色と黄色のV字紋があるまだら模様。丘陵地～山地の明るい草原などで見られ、日中、活発に飛び回る。生息地は限られるが、発生地では多産する場所もある。幼虫はアリジゴクの形をし、草むらや石の下で小昆虫などを捕食する。

## ツノトンボ　ツノトンボ科

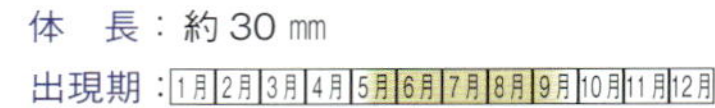


分　布：平地　山地　全域

翅は透明で、触角がとても長い。体が細長く、オスは赤褐色で尾端に2個の付属物を持ち、メスは黄色みが強く腹部が太い。林のそばの草むらなどで見られ、灯火にもよく飛来する。県内のツノトンボ類では一番よく見られる。幼虫は、草むらや石の下に潜み、小昆虫を捕食する。

## オオウスバカゲロウ　ウスバカゲロウ科

体　長：約40㎜　準絶

分　布：平地　山地　全域

出現期：1月 2月 3月 4月 5月 6月 7月 8月 9月 10月 11月 12月

体色は黒色で灰白色の長毛を密生する。翅は透明で白色を帯び、褐色の斑紋が散在する。ウスバカゲロウ科最大の種。幼虫はアリジゴクの形をし、砂地を歩き回り、小昆虫などを捕食。生息地は海岸部の砂浜で限定される。茨城県レッドデータ（2016）準絶滅危惧種に指定されている。

## ウスバカゲロウ　ウスバカゲロウ科

体　長：約 35 ㎜
分　布：平地｜山地｜**全域**
出現期：1月｜2月｜3月｜4月｜5月｜**6月｜7月｜8月｜9月**｜10月｜11月｜12月

体色は暗褐色で、触角は短く透明の翅を持つ。夜行性で、灯火に飛んでくることもある。日中でも、林縁などのやや薄暗いところを不器用に飛ぶこともある。幼虫は、淡褐色の扁平な体型で鋭い大顎を持つ。人家の縁の下や崖の斜面にすり鉢状の巣、俗に「アリジゴク」を造り落ちてきた昆虫を補食する。

[O]

## マダラウスバカゲロウ　ウスバカゲロウ科

体　長：約 30 ㎜
分　布：平地｜**山地**｜全域
出現期：1月｜2月｜3月｜4月｜5月｜6月｜**7月｜8月**｜9月｜10月｜11月｜12月

体色は淡茶褐色。前翅の後縁部に明瞭な弓形の紋様がある。日本産ウスバカゲロウ類の中で最も美しい種といわれている。幼虫は巣を造らないアリジゴクで、山の崖地や、樹木に堆積した砂泥の表面下で待ち伏せし、小昆虫を捕食している。個体数は少なく県内で生息が確認された地点は多くない。

[O]

## モンカゲロウ　モンカゲロウ科

体　長：約 15 ㎜
分　布：平地｜山地｜**全域**
出現期：1月｜2月｜3月｜4月｜**5月｜6月**｜7月｜8月｜9月｜10月｜11月｜12月

体色は黄褐色から黄白色で腹部には背側、腹側ともに茶褐色の太い斜めの線が各節に２本ずつある。翅は半透明で黄色を帯びる。オスは日没前に群飛することがある。幼虫は体長約 20㎜、比較的大型のカゲロウ類で尾は３本。河川の中流から下流域にかけてのあまり流れのない淵や川岸の砂泥底に生息する。

[No]

チョウ
トンボ
コウチュウ
バッタ
カメムシ
ハチ
ハエ
アミメカゲロウ
カゲロウ
カワゲラ
トビケラ
ヘビトンボ
カマキリ
ナナフシ
シリアゲムシ
ゴキブリ シロアリ
ガロアムシ
ハサミムシ

## オオヤマカワゲラ　カワゲラ科

体　長：18～26㎜

分　布：平地｜**山地**｜全域

出現期：1月｜2月｜3月｜4月｜**5月**｜**6月**｜7月｜8月｜9月｜10月｜11月｜12月

体色は黒褐色で前翅の外縁が淡黄色。成虫の口器は退化し、吸水程度にしか役に立たない。山地、平地の渓流付近で見られる。幼虫の体長は30㎜以上になる。ゆっくり流れる平瀬を好み、水中の石の間を這い回って、小昆虫や付着藻類を食べて育つ。成虫になるまで3年かかる。県内では普通に見られる。

## シノビアミメカワゲラ　アミメカワゲラ科

情不

体　長：約30㎜

分　布：平地｜**山地**｜全域

出現期：1月｜2月｜3月｜**4月**｜**5月**｜6月｜7月｜8月｜9月｜10月｜11月｜12月

体色は成虫、幼虫ともに黒地に紅色の縁取りと黄色の紋様がある。頭部がアンバランスに大きく特有の体色、紋様のコントラストが際だっている。生息環境は自然がよく残された山麓の渓流上流部。幼虫は肉食性で水生昆虫などを捕食する。県内の生息地は限られ、里川源流部や八溝山など数カ所だけである。

## フライソンアミメカワゲラ　アミメカワゲラ科

体　長：約20㎜

分　布：平地｜山地｜**全域**

出現期：1月｜2月｜**3月**｜**4月**｜5月｜6月｜7月｜8月｜9月｜10月｜11月｜12月

体色は黒色で、前胸中央に黄褐色の帯がある。翅先端前縁部近くの翅脈は前後翅ともに網目状。幼虫は、黄褐色に褐色の斑紋がある。成虫、幼虫ともに腹部第1～4節の背板と腹板が融合せず、膜質部で隔てられることが大きな特徴。生息地は極限され、茨城県レッドデータ（2016）準絶滅危惧種に指定。

# トワダカワゲラ　トワダカワゲラ科

分　布：平地｜**山地**｜全域

体　長：20 ～ 25 ㎜

出現期：1月 2月 3月 4月 5月 6月 7月 8月 9月 **10月** **11月** 12月

準絶

成虫になっても翅のない原始的なカワゲラ。氷河期の遺存種ともいわれている。体は細長い円筒形で褐色から暗褐色。胸部側縁は黄褐色で縁取られる。中胸、後胸の側縁は側方または後方へ突出する。幼虫は河川上流域の落ち葉の堆積した場所に生息し、湧水域、源流域の細流にも見られる。水温は 10 ～ 15℃を好む。成虫になるまで 3 年を要する。羽化は秋から初冬の時期である。茨城県は分布の南限に近く、県内の生息地は限定されており、茨城県レッドデータ（2016）準絶滅危惧種に指定。

## ホタルトビケラ　エグリトビケラ科

体　長：15～20 mm
分　布：平地｜山地｜全域
出現期：1月｜2月｜3月｜4月｜5月｜6月｜7月｜8月｜9月｜10月｜11月｜12月

[O]

黒い体色に前胸部は橙赤色をしており、ホタルのような色合いからホタルトビケラの和名がある。幼虫は水生で、砂や小石をミノムシのように体に綴っている。

## オオシマトビケラ　シマトビケラ科

体　長：約 18 mm
分　布：平地｜山地｜全域
出現期：1月｜2月｜3月｜4月｜5月｜6月｜7月｜8月｜9月｜10月｜11月｜12月

[Ss]

前翅は光沢のある淡黄色で、独特な黒色条紋がある。触角は長く、体長の約 1.5 倍の長さになる。幼虫はやや穏やかな流れの瀬に棲み、煙突状の巣を造る。

## ムラサキトビケラ　トビケラ科

体　長：約 20 mm
分　布：平地｜山地｜全域
出現期：1月｜2月｜3月｜4月｜5月｜6月｜7月｜8月｜9月｜10月｜11月｜12月

[O]

山地性で大型のトビケラ。前翅は地味で、暗褐色に黄褐色のまだら模様であるが、後翅は濃紫色に黄色の太い帯があり非常に目立つ模様。幼虫は、円筒形の巣を造る。

## ヨツメトビケラ　フトヒゲトビケラ科

体　長：約 18 mm
分　布：平地｜山地｜全域
出現期：1月｜2月｜3月｜4月｜5月｜6月｜7月｜8月｜9月｜10月｜11月｜12月

[O]

翅は黒色で、オスは前翅と後翅の後方付近に大きな紋があり、黄色と白色の２タイプがある。メスでは紋がないか、あっても不明瞭。幼虫は砂粒で円錐状の巣を造る。

## ヘビトンボ　ヘビトンボ科

体　長：約40㎜

分　布：平地｜山地｜全域

出現期：1月｜2月｜3月｜4月｜5月｜6月｜7月｜8月｜9月｜10月｜11月｜12月

体は細長く後頭部に4個の黒紋がある。翅は透明で黄色の円形紋があり、大きく腹端を超える。大顎を持ち噛みつく。幼虫は橙褐色で腹部に8対の糸状突起がある。河川の水中で生活し、大顎で水生昆虫を捕らえる。俗に「孫太郎虫」と呼ばれ民間薬として利用。トンボの仲間ではなくウスバカゲロウに近い。

[Ha]

## オオカマキリ　カマキリ科

体　長：70～95㎜

分　布：平地｜山地｜全域

出現期：1月｜2月｜3月｜4月｜5月｜6月｜7月｜8月｜9月｜10月｜11月｜12月

体色は緑色もしくは茶褐色。大型で太い体を持ったカマキリ。後翅が紫褐色をしていることや前翅の付け根が淡い黄色になっていることが特徴である。昆虫やときには、カエルやトカゲを強力な鎌足で捕らえて食べる。低地から丘陵地の林縁や草むらの葉上で見られるが、開けた草原ではあまり見かけない。

[Hi]

## チョウセンカマキリ　カマキリ科

体　長：60～85㎜

分　布：平地｜山地｜全域

出現期：1月｜2月｜3月｜4月｜5月｜6月｜7月｜8月｜9月｜10月｜11月｜12月

体色は緑色もしくは茶褐色で大型のカマキリ。鎌でほかの昆虫を捕らえて捕食。単にカマキリとも呼ばれる。オオカマキリに似ているが、本種はやや小さくて細身。また、オオカマキリの後翅は紫褐色をしているのに対し、本種はその色が薄いのが特徴。また、前脚の付け根の色も朱色が強くなるのも区別点。生息環境も田畑、河川敷など、開けた環境を好む。

[O]

## コカマキリ　カマキリ科

[Hi]

体　長：40～65㎜

分　布：平地｜山地｜**全域**

出現期：1月｜2月｜3月｜4月｜5月｜6月｜7月｜**8月**｜**9月**｜**10月**｜**11月**｜12月

体色は黄土色から黒褐色で個体差が大きい。まれに緑色の個体もいる。小ぶりのカマキリ。鎌足の内側に黒白斑があるのが本種の特徴。林の周辺から草原、人家周辺まで、広い環境で見られる。地表を歩き回っていることが多い。様々な昆虫を捕らえて食べる。敵に合うと死んだふりをすることがある。

## ハラビロカマキリ　カマキリ科

[So]

体　長：50～70㎜

分　布：平地｜山地｜**全域**

出現期：1月｜2月｜3月｜4月｜5月｜**6月**｜**7月**｜**8月**｜**9月**｜**10月**｜**11月**｜**12月**

体色は緑色をしたものが多いが、まれに褐色のもいる。少し太めの体型のカマキリ。前脚の基部に数個の黄色のイボ状突起を持ち、前翅中央外側に白色紋があるのが特徴。樹上性の傾向が強く、林の葉上や林縁の草地で見られる。カマキリ類にはハリガネムシが寄生するが特に本種に寄生していることが多い。

## エダナナフシ　ナナフシ科

体　長：65～115㎜

分　布：平地｜山地｜**全域**

出現期：1月｜2月｜3月｜4月｜5月｜6月｜7月｜8月｜9月｜10月｜11月｜12月

[Ss]

体色は茶褐色～緑色と、いろいろある。木の枝にそっくりの体型。ナナフシに似るが、本種は触角が長い。雑木林の林縁や下草上で見られ、サクラ、カシ、コナラなど、各種植物の葉を食べる。街近郊にも生息。

## ナナフシ　ナナフシ科

体　長：70～100㎜

分　布：平地｜山地｜全域

出現期：1月｜2月｜3月｜4月｜5月｜6月｜7月｜8月｜9月｜10月｜11月｜12月

ナナフシモドキともいう。木の枝にそっくりの体型。エダナナフシに似るが、本種は触角が短い。メスだけで単為生殖を行い、オスは、少ない。雑木林の林縁や下草上で見られ、各種植物の葉を食べる。

[Hi]

## トビナナフシ　ナナフシ科

体　長：35～55㎜

分　布：平地｜山地｜全域

出現期：1月｜2月｜3月｜4月｜5月｜6月｜7月｜8月｜9月｜10月｜11月｜12月

体色は緑色。ナナフシやエダナナフシに比べて、体型は太く、脚は短いナナフシ。翅を持ち後翅は鮮やかな赤色をしている。オスは飛ぶがメスはほとんど飛ばない。雑木林で見られ、成虫はシイ類の葉をよく食べる。

[O]

## ヤマトシリアゲ　シリアゲムシ科

体　長：15～20㎜

分　布：平地｜山地｜全域

出現期：1月｜2月｜3月｜4月｜5月｜6月｜7月｜8月｜9月｜10月｜11月｜12月

[O]

体は黒色。翅に2本の太い黒帯。頭部が長く伸び、オスは腹部を巻き上げる。オスは交尾時、メスに餌を渡す行動をする。林縁部で見られ、昆虫の体液などを吸う。

## プライアシリアゲ　シリアゲムシ科

体　長：15～18㎜

分　布：平地｜山地｜全域

出現期：1月｜2月｜3月｜4月｜5月｜6月｜7月｜8月｜9月｜10月｜11月｜12月

[O]

ヤマトシリアゲより明るい体色で腹部に黄色部がある。翅には黒条。下付器の両腕は幅広く長い。オスは交尾時唾液をはいてメスに与える。林縁部の葉上で見られる。

## モリチャバネゴキブリ　チャバネゴキブリ科

[O]

体　長：10～14 mm
分　布：平地｜山地｜全域
出現期：1月｜2月｜3月｜4月｜5月｜6月｜7月｜8月｜9月｜10月｜11月｜12月

体色は黄褐色。胸部に1対の黒条を持つ。黒条は後端部で左右が接近。平地、海岸の雑木林で多く見られる。温暖化の影響か、近年県内で分布が北上している。

## オオゴキブリ　オオゴキブリ科

[Hi]

体　長：40～44 mm
分　布：平地｜山地｜全域
出現期：1月｜2月｜3月｜4月｜5月｜6月｜7月｜8月｜9月｜10月｜11月｜12月

光沢のある黒色。県内の野外で見られるゴキブリでは最大。自然度の高い森林で見られる。朽木の中から成虫、幼虫が群れて出てくることもある。成虫の寿命は2～3年。

## ヤマトシロアリ　ミゾガシラシロアリ科

[In]

体　長：5～7 mm
分　布：平地｜山地｜全域
出現期：1月｜2月｜3月｜4月｜5月｜6月｜7月｜8月｜9月｜10月｜11月｜12月

ほかのシロアリと同様社会性昆虫。集団で枯れ木や朽木を食べ、その内部に巣を造る。イエシロアリに似るが、やや小さく、有翅虫が黒褐色、翅が黒色なのが異なる。

## ガロアムシ　ガロアムシ科

準絶

[So]

体　長：20～26 mm
分　布：平地｜山地｜全域
出現期：1月｜2月｜3月｜4月｜5月｜6月｜7月｜8月｜9月｜10月｜11月｜12月

褐色で、細長い体の無翅昆虫。幼虫は乳白色。原始的な昆虫で、「生きた化石」の一つである。山地源流部などの瓦礫地の石下などに生息。成虫になるまで数年かかる。

## コブハサミムシ　クヌギハサミムシ科

[O]

体　長：12～20 mm
分　布：平地｜山地｜全域
出現期：1月｜2月｜3月｜4月｜5月｜6月｜7月｜8月｜9月｜10月｜11月｜12月

赤茶色～黒色。翅の先端部は黄褐色。林縁の植物上や河原の石の下などで見られる。ハサミムシ類は子を保護する性質があるが、本種は仔虫が母親を食べてしまう。

## 索引

【ア】



【イ】

【ウ】



【エ】



【オ】

【カ】

【キ】

【ク】



【ケ】

【コ】



【サ】



【シ】

【ス】



【セ】



【ソ】



【タ】

【チ】



【ツ】



【テ】



【ト】



【ナ】

【ニ】



【ネ】



【ノ】



【ハ】



【ヒ】

【フ】



【へ】

【ホ】



【マ】



【ミ】

【ム】



【メ】



【モ】



【ヤ】

【ユ】



【ヨ】



【ラ】



【リ】



【ル】

## 参考文献


決定版生物大図鑑　昆虫Ⅰ 林 長閑 編・監修　昭和 60 年　世界文化社
決定版生物大図鑑　昆虫Ⅱ　甲虫　林 長閑 編・監修　昭和 60 年　世界文化社
学生版日本昆虫図鑑　北隆館編集部　平成 17 年　北隆館
日本百科大辞典別冊原色昆虫図鑑　竹内吉蔵　昭和 41 年　小学館
学研の図鑑　昆虫　友国雅章監修 2002 年　学習研究社
学研の図鑑 LIVE 昆虫　岡島秀治監修　2014 年　学研教育出版
日本の昆虫生態図鑑　今井初太郎著　2016 年　メイツ出版
茨城県の蝶　塩田正寛　2015 年　塩田正寛
茨城の蝶　茨城昆虫同好会　1985 年　茨城新聞社
蝶　松香宏隆　1994 年　ＰＨＰ研究所
日本産蝶類標準図鑑　白水隆著　2006 年　学習研究社
日本のチョウ　日本チョウ類保全協会　2012 年　誠文堂新光社
蝶類幼虫食草一覧　仁平勲　2004　仁平勲
原色日本蛾類図鑑 ( 上 )　江崎悌三他　昭和 48 年　保育社
原色日本蛾類図鑑 ( 下 )　江崎悌三他　昭和 48 年　保育社
日本産蛾類大図鑑　井上寛他　1982 年　講談社
日本産蛾類標準図鑑 Ⅰ 岸田泰則編　2011 年　学研教育出版
日本産蛾類標準図鑑 Ⅱ 岸田泰則編　2011 年　学研教育出版
日本のトンボ　尾園 暁　川島 逸郎　二橋 亮　2012 年　文一総合出版
原色日本昆虫図鑑 ( 下 )　竹内吉蔵　昭和 46 年　保育社
原色日本甲虫図鑑 ( Ⅱ )　林匡夫他　平成 14 年　保育社
原色日本甲虫図鑑 ( Ⅳ )　林匡夫他　平成 14 年　保育社
原色昆虫大図鑑第３巻　安松京三　昭和 51 年　北隆館
新訂原色昆虫大図鑑 第Ⅲ巻 . 平嶋義宏・森本　桂 ( 監 ) 2008 年　北隆館
学研中高生図鑑昆虫編 Ⅲ バッタ・ハチ・セミ・トンボ他　石原　保監修 1976 年 学習研究社
日本産直翅類標準図鑑　町田龍一郎 監修　日本直翅類学会 編集　2016 年　学習研究社
バッタ・コオロギ・キリギリス大図鑑　日本直翅類学会 編集　2006 年　北海道大学出版会
日本産セミ科図鑑　林正美・税所康正 編著　2011 年　誠文堂新光社
茨城県産セミ類の分布　小菅次男 1981 年　茨城の生物第２集　茨城県高等学校教育研究会生物部
日本原色カメムシ図鑑　友国雅章監修　安永智秀他　1994 年　全国農村教育協会
日本原色カメムシ図鑑第３巻　石川忠　高井幹夫　安永智秀 2012 年　全国農村教育協会
カメムシ観察辞典　小田英智構成　2002 年　偕成社
日本産有剣ハチ類図鑑　寺山　守・須田博久 編 2016 年　東海大学出版部
日本産ハナバチ図鑑　多田内修・村尾竜起 2014 年　文一総合出版
狩蜂生態図鑑　田仲義弘 2012 年　全国農村教育協会
茨城生物　創刊号～ 36 号　1973 ～ 2016 年　茨城生物の会
おけら　40 号～ 69 号　1971 ～ 2016 年　茨城昆虫同好会
日立の自然ガイドブック　日立の自然シリーズ第３集編集委員会　平成 23 年　日立市
茨城における絶滅のおそれのある野生生物　動物編　2016 年改訂版　平成 28 年　茨城県

## あとがき

今から31年前の1985年(昭和60年)に、茨城昆虫同好会により「茨城の蝶」・「茨城の昆虫」が今井初太郎氏を中心として出版されました。当時は、筑波研究学園都市・鹿島臨海工業地帯・鹿島港が開発され、茨城県が新しく変貌し、近代化が進むときでした。その一方では、茨城の貴重な自然が失われつつあるときでもありました。そのころ、写真はまだフィルムの時代で、昆虫のマクロ写真を撮るのには機材を工夫したり、一枚一枚の写真を慎重に撮影しなければなりませんでした。今ではデジタル時代となりカメラや機材の機能も数段高まり、惜しげもなく何枚でも撮影できる時代となり、当時とは隔世の感があります。

また、本離れが進んでいる情報化の現在、かつて私の様に図鑑で育ったものにはさびしい限りです。小学校3年生の1945年(昭和20年)に空襲で家を焼かれ、防空壕で暮らしたこともある中で、「国破れて山河あり」と私を慰め夢中にさせてくれたのはふるさとの山野でした。戦中に昆虫少年だった兄の昆虫標本は焼失しましたが、防空壕に入れておいた「日本原色蝶類図譜」・「日本原色甲虫図譜」の2冊は焼け残り、終戦翌年には兄から伝授された昆虫標本作りを本格的に始めました。そのとき、これらの図鑑は私にとっては正に宝物でした。今、70年前のあの感激と身近な自然への憧れを、これからを担う子どもたちに何としても伝えなければとの使命感にも似た思いで、手作りの展翅板・三角管などを使い、親子の昆虫採集・標本作りを指導しています。この図鑑により子どもたちが身近な虫たちへの興味を高め、探究心を深めて欲しいと心から願っています。

茨城町・大洗町・鉾田市にまたがる涸沼が2015年5月にラムサール条約に登録され、ヒヌマイトトンボの発見者の一人として私が出演する「条約登録記念シンポジュウム」の折に、ヒヌマイトトンボの観察会が行われました。そこで、今井初太郎氏と本書出版社の前田信二会長が出会ったことが本書を出版する契機となりました。お二人の運命的な出会いと、それを導いてくれたヒヌマイトトンボに感謝です。

本書の出版にあたって何度も打合せ、ご指導いただいた前田信二会長に深くお御礼申し上げます。数十年にわたり茨城の昆虫を追い求め、本県の昆虫界では指導的立場にある茨城昆虫同好会と茨城生物の会の方々が、苦労して撮られた貴重な生態写真を厳選して編集に当たり、頁数の限られた中でも出来るだけ多くの種類をと努めました。

本書は茨城の山野を訪ねるとき、必ずや皆様のお役に立ち、次世代を託す子どもたちへの大切な贈り物になるものと信じております。

執筆者を代表して　茨城生物の会会長　小菅次男

## 茨城昆虫同好会

1961年4月に今井初太郎氏によって発足。茨城県内では最も古い歴史をもつ昆虫同好会である。会員数35名・会長 野崎武。会誌「おけら」を年1回発行し現在69号。会誌「おけら」の由来は昆虫の「オケラ」からであり、「飛ぶことも、鳴くことも、泳ぐことも、土の中にもぐることもでき、愛嬌のある愉快な虫」で皆に愛されるようにとの思いを込めた会誌名にした。会の活動は茨城県内の昆虫動向調査、さらには広く自然に目を向け、茨城の昆虫を末永く見守る活動をしている。

事務局 〒316-0026 茨城県日立市みかの原町2-6-2 大阿久方 Tel 0294-52-6408

## 茨城生物の会

1973年設立、会員 約250名、会長 小菅次男。茨城の生物を調査研究し、会員の交流･情報交換により、郷土の自然を明らかにし自然環境の保全に努めることを目的。また、自然観察会や研究発表会等にて茨城の自然への関心、保全への心を育み生物・環境教育の活性化を図ることも目的。月1回の自然観察会、毎年の中学・高校生研究発表大会や会員の研究発表会を実施。他の環境教育団体への講師派遣等の支援協力も実施。会誌「茨城生物」を発行し2016年現在36号。

事務局 〒310-0025 茨城県水戸市天王町1-9 小菅方 Tel 029-221-7937

【写真提供】

井上 尚武 In
今井 全 Ai
今井 初太郎 Ha
今井 宏 Hi
大内 正典 O
公文 暁 Ku
小菅 次男 Ko
佐々木 泰弘 Ss
佐竹 勉 St
清水 有久夫 Si
染谷 保 So
高橋 晴彦 Ta
野崎 武 No
久松 正樹 Hs

【解説】

有賀 俊司
井上 尚武
今井 初太郎
今井 宏
大内 正典
公文 暁
小菅 次男
佐々木 泰弘
塩田 正寛
清水 有久夫
染谷 保
高橋 晴彦
久松 正樹

【協力者】

今井 全（あきら）
公文 暁（さとる）

【編集委員】

小菅 次男
今井 初太郎
野崎 武
大阿久 義徳
有賀 俊司
佐々木 泰弘

# 茨城の昆虫生態図鑑

2017年3月15日 第1版・第1刷発行

編 者……… 茨城昆虫同好会・茨城生物の会
発行者……… メイツ出版株式会社
代表者＝三渡 治
〒102-0093 東京都千代田区平河町1-1-8
TEL 03-5276-3050（編集・営業）
TEL 03-5276-3052（注文専用）
FAX 03-5276-3105
印 刷……… 三松堂株式会社